数据结构实习指导书

SHUJU JIEGOU SHIXI ZHIDAOSHU

主　编：李桂玲

副主编：朱晓莲　郭　艳

图书在版编目(CIP)数据

数据结构实习指导书/李桂玲主编;朱晓莲,郭艳副主编. —武汉:中国地质大学出版社,2014.11

中国地质大学(武汉)实验教学系列教材

ISBN 978-7-5625-3552-2

Ⅰ.①数…
Ⅱ.①李…②朱…③郭…
Ⅲ.①数据结构-高等学校-教学参考资料
Ⅳ.①TP311.12

中国版本图书馆 CIP 数据核字(2014)第 252772 号

数据结构实习指导书	李桂玲	主　编
	朱晓莲　郭　艳	副主编

责任编辑:马　严		责任校对:张咏梅
出版发行:中国地质大学出版社(武汉市洪山区鲁磨路388号)		邮政编码:430074
电　　话:(027)67883511	传真:67883580	E-mail:cbb @ cug.edu.cn
经　　销:全国新华书店		http://www.cugp.cug.edu.cn
开本:787毫米×1 092毫米 1/16		字数:288千字　印张:11.25
版次:2014年11月第1版		印次:2014年11月第1次印刷
印刷:荆州鸿盛印务有限公司		印数:1—1 000 册
ISBN 978-7-5625-3552-2		定价:22.00元

如有印装质量问题请与印刷厂联系调换

前 言

　　数据结构课程是计算机学科一门非常重要的专业基础课,广泛应用于信息科学、系统工程、应用数学及各种工程技术领域,其实践性较强,对学生的动手能力要求较高。数据结构课程实践环节的教学效果影响着学生后继专业课程的学习、就业、科研等方面。

　　美国 ACM/IEEE 组织一直对世界计算机教育起着指导性作用。2010 年 12 月,ACM/IEEE CS 2013 工作组对全球计算机系的系主任进行问卷调查,反馈表明,关于计算机专业核心知识,排名前三的是计算思维、程序设计基础、数据结构。计算机专业委员会的调研也显示,IT 项目主管认为排在头三位的专业技能分别是编程能力、数据结构和算法。

　　鉴于数据结构在计算机专业中的核心地位,以及其在就业中属于必备专业技能的重要性,数据结构课程的实践教学环节的建设具有重要的研究价值和实际意义。目前我校不仅计算机学院所有专业开设了数据结构课程,其他学院与信息技术相关的专业也开设了数据结构课程。数据结构是一门实践性很强的课程,绝大多数高校都开设了数据结构实验课程。

　　数据结构课程的上机实习包括两个部分:课程内的上机实习和课程结束后的数据结构课程设计。通过本课程的上机实习,要求在数据结构的逻辑特性和物理表示、数据结构的选择和应用、算法的设计及其实现等方面加深对课程基本内容的理解。同时,在程序设计方法以及上机操作等基本技能和科学作风方面受到比较系统和严格的训练。

　　本实习书的宗旨是"提高学生动手能力,培养学生创新能力",主线为"课程实习范例—课程实习内容—课程设计范例—课程设计内容"。课程内的上机实习是课程设计阶段的基础,课程设计是课程内的上机实习的巩固和深化、拓展和延伸。在课程内的上机实习部分,每章先总结该章的基本知识,接着给出该章的上机实习示例,然后给出该章的上机实习题目;在课程设计部分,先给出课程设计的基本要求，接着详细给出数据结构课程设计的示例，然后给出数据结构课程设计题目。

本书遵循数据结构教学大纲的要求，内容共9章，可分为4个部分。第一部分为绪论即第一章，介绍本实习书的要求和目标，后面8章的内容给出了实习报告示例。第二部分为数据结构课程内的上机实习，按照课程内容的教学顺序"线性结构—非线性结构—查找和排序"进行组织，具体为第二章到第七章。其中，第二、第三章介绍线性结构，分别介绍线性表、堆栈和队列；第四、第五章介绍非线性结构，分别介绍树和二叉树、图；第六、第七章介绍两类常用的操作，分别为查找、内部排序。第三部分为数据结构课程设计，即第八章。第四部分为数据结构试题及答案，即第九章，给出了两套历年的数据结构考试试题及答案。书中第一至第八章每章都给出了具体的实习示例，并且示例的代码在 Visual C++ 6.0 环境下全部调试运行通过。在教师教学和学生学习的过程中，关于上机实习题目的选择，可由教师结合教学学时和教学要求在宏观上进行把关，实际的题目可由学生根据实习目的和要求选择具体题目。

本书内容编写分工为：朱晓莲编写第六、第七章；郭艳编写第四、第五章，其中2013级研究生王鑫协助这两章示例代码的实现与测试；李桂玲、朱晓莲共同编写第一章；第八章第三节数据结构课程设计的题目由三位编者共同收集整理；其余章节均由李桂玲编写。本书编写的过程中吸取了许多前辈的成果，也借鉴和引用了一些文献。在此，对为本书直接或间接付出辛苦劳动的同仁表示深深的感谢！

由于编者水平有限，书中难免存在不足之处，希望各位读者能够批评指正，以提高本书的水平。

编　者

2014年8月

目　　录

第一章　绪　论 ··· (1)
　　第一节　本书目标及内容 ··· (1)
　　第二节　实习规范及要求 ··· (2)
　　第三节　实习报告示例:约瑟夫环问题 ································· (3)

第二章　线性表 ··· (9)
　　第一节　基本知识 ··· (9)
　　第二节　上机实习示例:一元稀疏多项式的加法运算 ············· (14)
　　第三节　上机题目 ··· (21)

第三章　堆栈和队列 ·· (24)
　　第一节　基本知识 ··· (24)
　　第二节　上机实习示例:电话客户服务模拟 ·························· (29)
　　第三节　上机题目 ··· (39)

第四章　树和二叉树 ·· (43)
　　第一节　基本知识 ··· (43)
　　第二节　上机实习示例:高校社团管理 ································ (47)
　　第三节　上机题目 ··· (65)

第五章　图 ··· (68)
　　第一节　基本知识 ··· (68)
　　第二节　上机实习示例:校园局域网布线问题 ······················· (74)
　　第三节　上机题目 ··· (89)

第六章　查　找 ··· (92)
　　第一节　基本知识 ··· (92)
　　第二节　上机实习示例:二叉排序树的实现 ·························· (97)

    第三节　上机题目 ·· (106)

第七章　内部排序 ·· (109)
    第一节　基本知识 ·· (109)
    第二节　上机实习示例:直接插入排序基于单链表的实现 ··············· (117)
    第三节　上机题目 ·· (124)

第八章　数据结构课程设计 ·· (126)
    第一节　数据结构课程设计要求 ··· (126)
    第二节　数据结构课程设计示例:计算命题演算公式的真值 ··········· (127)
    第三节　数据结构课程设计题目 ··· (149)

第九章　数据结构试题 ·· (161)
    期末考试试题 1 ·· (161)
    期末考试试题 2 ·· (167)

主要参考文献 ·· (174)

第一章 绪 论

第一节 本书目标及内容

一、本书目标

数据结构课程是计算机学科一门非常重要的专业基础课。广泛应用于信息科学、系统工程、应用数学及各种工程技术领域,其实践性较强,对学生动手能力要求较高。由于该课程是一门实践性较强的软件基础课程,为了学好这门课程,每个学生必须完成一定数量的上机实习作业。开设实验课的目的就是为了达到理论与实际应用相结合。

数据结构的上机实习包括两个部分:课程内的上机实习和数据结构课程设计。通过本课程的实习,要求在数据结构的逻辑特性和物理表示、数据结构的选择和应用、算法的设计及其实现等方面加深对课程基本内容的理解。同时,在程序设计方法以及上机操作等基本技能和科学作风方面受到比较系统和严格的训练。

二、本文内容安排

本书共分为 9 章,内容组织如下:

第一章为绪论。介绍本书和实习的目的和要求,后面 8 章的内容导引,给出了实习规范和要求,并以约瑟夫环问题为例给出了实习报告示例。

第二章为线性表。先介绍了线性表的基本知识,包括线性表的定义和特征、线性表的顺序存储结构及操作的实现、线性表的链式存储结构及操作的实现;接着给出了上机实习示例一元稀疏多项式的加法运算,该题目是线性表的链式存储结构的经典应用;后面列出了线性表的上机题目。

第三章为堆栈和队列。先介绍了堆栈和队列的基本知识,主要包括堆栈的定义及特征、堆栈的两种存储结构及操作的实现、队列的定义及特征、队列的两种存储结构及操作的实现;接着给出了上机实习示例电话客户服务模拟,该题目涉及队列的应用;后面列出了堆栈和队列的上机题目。

第四章为树和二叉树。先介绍了树和二叉树的基本知识,包括树的定义和存储结构,二叉树的定义、性质、存储结构及遍历操作的实现等;接着给出了上机实习示例高校社团管理,该题目是高校中常见的学生组织关于树的应用;后面列出了树和二叉树的上机题目。

第五章为图。先介绍了图的基本知识,包括图的定义、存储结构、图的遍历算法和图的应用;接着给出了上机实习示例校园局域网布线问题,校园局域网的布线问题可看成图问题来解决;后面列出了图的上机题目。

第六章为查找。先介绍了查找的基本知识,包括静态查找表、动态查找表和哈希表;接着给出了上机实习示例二叉排序树的实现,该题目演示了二叉排序树的主要操作;后面列出了查找的上机题目。

第七章为内部排序。先介绍了内部排序的基本知识,包括插入排序、选择排序、交换排序、归并排序和基数排序;接着给出了上机实习示例直接插入排序基于单链表的实现;后面列出了内部排序的上机题目。

第八章为数据结构课程设计。先介绍了数据结构课程设计要求;接着重点给出了一个课程设计示例计算命题演算公式的真值,该题目涉及到线性结构(堆栈)和非线性结构(二叉树)的综合应用;然后列出了一些数据结构课程设计的题目。

第九章给出了两套历年数据结构期末考试的试题及答案。

第二节　实习规范及要求

一、实习步骤

(1)按照每次实习的要求选定题目。

(2)分析题目要求,明确要实现的功能;设计数据结构;根据结构化程序设计方法,先确定算法的基本思想、主要模块、各模块功能及调用关系,再用 C 语言对主要算法进行细化。

(3)编写好上机源程序,并进行静态检查,使程序中的逻辑错误和语法错误减少到最低程度。

(4)了解所用机器的操作规程,考虑好调试手段和测试数据等,做好上机准备。

(5)上机调试程序,程序通过后,打印一份源程序清单及对测试数据的运行结果。

(6)最后写好调试分析报告及使用说明,完成一份完整的实习报告。在调试分析中应总结上机中遇到的问题及解决方法;对所设计的算法的时间复杂度和空间复杂度进行分析;算法的进一步改进;本次实习的心得体会等。使用说明主要描述如何使用你的程序以及使用时的注意事项。

二、实习报告的内容

1.需求分析

描述问题,简述题目要解决的问题是什么?规定软件做什么?原题条件不足时补全。

2.设计

(1)设计思想:存储结构(题目中限定的要复述);主要算法基本思想。

(2)设计表示:每个函数或过程的头和规格说明;列出每个过程或函数所调用和被调用的过程或函数,也可以通过调用关系图表达。

(3)实现注释:各项功能的实现程度、在完成基本要求的基础上还实现了什么功能。

(4)详细设计表示:主要算法的实现。

3. 调试分析

调试过程中遇到的主要问题是如何解决的;对设计和编码的回顾讨论和分析;时间和空间复杂度的分析;改进设想;经验和体会等。

4. 用户手册

即使用说明。

5. 测试数据及结果

如果题目规定了测试数据,则结果要包含这些测试数据和运行输出,当然还可以包括其他测试数据及运行输出结果(有时需要多组数据)。

6. 源程序清单

源程序关键之处均需要添加必要的注释。

第三节 实习报告示例:约瑟夫环问题

【问题描述】

约瑟夫环问题的一种描述是:编号为1,2,…,n的n个人按顺时针方向围坐一圈,每人持有一个密码(正整数)。一开始任选一个正整数作为报数上限值m,从第一个人开始按顺时针方向自1开始报数,报到m时停止报数。报m的人出列,将他的密码作为新的m值,从他在顺时针方向的下一人开始重新从1报数,如此下去,直至所有的人全部出列为止。试设计一个程序求出出列顺序。

【基本要求】

利用单向循环链表存储结构模拟此过程,按照出列的顺序输出各人的编号。

【测试数据】

m的初值为20,n=7,7个人的密码依次是3,1,7,2,4,8,4(正确的出列顺序应为6,1,4,7,2,3,5)。

【实现提示】

程序运行后,首先要求用户指定初始报数上限值,然后读取各人的密码,可设 n≤30。此题所用的循环链表不需要"头结点",请注意空表和非空表的界限。

实习报告

题目:约瑟夫环问题

一、需求分析

(1)要求以循环链表模拟约瑟夫环,结点个数(人数)n≤30。各人的密码和初始报数上限值必须为正整数。

(2)程序以人机对话的方式执行,即在计算机终端上显示"提示信息"后,由用户在键盘上输入相应的运算命令或数据;相应的输入数据和运算结果显示在其后。

(3)测试数据:n=7,m=20,7个结点的密码分别为3,1,7,2,4,8,4,输出结果应为6,1,4,7,2,3,5。用m=1再测试一次,输出结果应为1,4,6,5,7,3,2。

二、设计

1. 设计思想

1)存储结构

根据问题描述,可采用循环单链表结构。循环单链表的结点结构如图1-1所示。

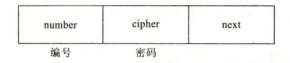

图1-1 结点结构

结点定义如下:
```
typedef struct nodetype
{int number;
 int cipher;
 struct nodetype *next;
}clinktp;
```
为便于操作,可建立由尾指针ra指示的循环链表,如图1-2所示。

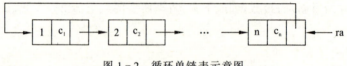

图1-2 循环单链表示意图

2)基本思想

(1)建立一个由尾指针ra指示的有n个结点的约瑟夫单循环链表。

(2)根据给定的m值,寻找第m个结点(应该找到第m-1个结点的地址才便于删除),输出该结点的number值,把该结点的cipher值赋给m,作为下一次循环的报数上限m,删除第m个结点。如此循环n次(实际只需循环n-1次,最后只剩一个结点时,直接输出即可)结束。

2. 设计表示法

1)过程或函数调用关系图

　　　main( )→createlist( )→locfor( )

2)基于数据结构的操作组

本次实习的题目比较简单,只用到了一个循环链表,函数createlist( ),locfor( )都基于循环链表ra。

3)过程或函数接口规格说明

int createlist(clinktp **ra,int n);   /*建立以ra为尾指针的有n个结点的循环链表*/

void locfor(clinktp *ra,int m); /*在循环链表中根据要求输出各次从链表中删除的结点序号*/

3. 实现注释

(1)根据输入的 n 值建立循环链表。

(2)可任意输入初始报数上限值 m(正整数)。

4. 详细设计

/*在循环链表中根据报数上限值输出从链表中删除的结点序号*/

```
void locfor(clinktp*ra,int m)
{
    int i;
    clinktp *p,*pre,*s;/*p指针用于指向第 m 个结点,pre 指向 p 的直接前驱结点*/
    pre=ra;
    p=ra->next;
    while (pre!=p)
    {
        for(i=1;i<m;i++)   /*循环找到第 m 个结点*/
        {  pre=p;p=p->next;}
        printf("%d\n",p->number);/*输出将出队的人的编号*/
        m=p->cipher;   /*将出队的人的密码作为下一次报数的上限值*/
        pre->next=p->next;   /*接着此人出队,执行删除操作*/
        s=p;
        p=p->next;
        free(s);
    }
    printf("%d\n",p->number);   /*输出最后一个出队的人的编号*/
    free(p);
}
```

三、调试分析

(1)刚开始时忽略了变量参数的传递问题,使调试程序时费时不少,今后应重视确定参数的变量和赋值属性的区分和标识。

(2)由于考虑不周,开始建立的是头指针指示的循环链表,导致当 m=1 时,得不到正确结果。后来增加一条 for 循环语句,搜索到表尾结点,可得到正确结果,但影响算法的效率。改进的方法是建立由尾指针指示的循环链表。

(3)createlist( ):时间复杂度:O(n),空间复杂度:O(n)

locfor( ):时间复杂度:O(n×m),空间复杂度:O(n)

(4)本次实习作业采用结构化的程序设计方法,将程序划分为主函数、建循环链表、求出列顺序等几个模块,使得设计时思路清晰,实现时调试顺利,各模块具有较好的可重用性,确实得到了一次良好的程序设计训练。

四、用户手册

(1)本程序的运行环境为 Visual C++6.0,可执行文件为 joseph.exe。
(2)进入演示程序后,即出现提示信息:
input n:_
输入结点个数 n 值后,出现提示信息:
input cipher:_
然后依次输入 n 个结点的密码,此时出现提示信息:
input m:_
输入报数上限值 m 后,程序执行相应操作后,显示相应结果。

五、测试数据及结果

---约瑟夫环问题---
input n:7

i nput cipher:
3 1 7 2 4 8 4

i nput m:20

出队的编号顺序为:
6
1
4
7
2
3
5

六、源程序清单

```
/*文件名:joseph.c*/
# include <stdio.h>
# include <stdlib.h>

typedef struct nodetype
{
    int number;        //编号
    int cipher;        //密码
    struct nodetype *next;    //后继指针域
```

}clinktp;/*定义循环链表的结点结构*/

/*建立以 ra 为尾指针的有 n 个结点的循环链表,链表建好后不带头结点*/
```
int createlist(clinktp **ra,int n)
{
    int i;
    clinktp *p,*q,*la;
    if ((la=(clinktp*)malloc(sizeof(clinktp)))==NULL)
    {
        printf("\noverflow!");
        return 0;
    }
    printf("\ninput cipher:\n");
    q=la;
    for(i=1;i<=n;i++)          /*循环 n 次创建循环单向链表*/
    {
        if ((p=( clinktp *)malloc(sizeof(clinktp )))==NULL)
        {
            printf("\noverflow!");
            return 0;
        }
        p->number=i;
        scanf("%d",&p->cipher);
        q->next=p;
        q=p;
    }
    q->next=la->next;
    free(la);
    (*ra)=q;
    return 1;
}
```

/*在循环链表中根据报数上限值输出从链表中删除的结点序号*/
```
void locfor(clinktp *ra,int m)
{
    int i;
    clinktp*p,*pre,*s;/*p指针用于指向第 m 个结点,pre 指向 p 的直接前驱结点*/
    pre=ra;
    p=ra->next;
```

```c
        while(pre!=p)
        {
            for(i=1;i<m;i++)     /*循环找到第 m 个结点*/
            {pre=p;p=p->next;}
            printf("%d\n",p->number);/*输出将出队的人的编号*/
            m=p->cipher;         /*将出队的人的密码作为下一次报数的上限值*/
            pre->next=p->next;   /*接着此人出队,执行删除操作*/
            s=p;
            p=p->next;
            free(s);
        }
        printf("%d\n",p->number);   /*输出最后一个出队的人的编号*/
        free(p);
}

void main( )
{
    int m,n;
    clinktp *ra;
    printf("---约瑟夫环问题---\n");
    printf("input n:");
    scanf("%d",&n);
    if (!createlist(&ra,n))
        exit(1);
    printf("\ninput m:");
    scanf("%d",&m);
    printf("\n出队的编号顺序为:\n");
    locfor(ra,m);
}
```

第二章 线性表

线性结构是最简单常用的数据结构。线性表是一种典型的线性结构。线性结构的主要特征有:存在唯一的第一个元素,该元素无直接前驱;存在唯一的最后一个元素,该元素无直接后继;除第一个元素和最后一个元素外,每个元素都有唯一的直接前驱和唯一的直接后继。

在现实生活中,有许多逻辑结构是线性表的应用。例如,图书馆的图书自动检索系统中的图书信息表、单位的工资管理系统中的工资信息表等都可以在系统中用线性表进行表示。

本章的主要知识点有:线性表的定义及特征、线性表的顺序存储结构及操作的实现、线性表的链式存储结构及操作的实现。

第一节 基本知识

一、线性表的定义

线性表是由 $n(n \geqslant 0)$ 个元素 $a_0, a_1, a_2, \cdots, a_{n-1}$ 组成的有限序列。其中,n 为数据元素的个数,也称为表的长度。当 n=0 时称为空表;当 n>0 时为非空的线性表,记为 $(a_0, a_1, a_2, \cdots, a_{n-1})$。

线性表的特性主要有:线性表中所有数据元素的类型都是一致的;数据元素在线性表中的位置只取决于它的序号;数据元素之间的逻辑关系是线性的。

线性表的抽象数据类型定义为:

ADT Linear_list

  数据对象:D= {a_i| $a_i \in$ ElemSet, i=0,1,2,$\cdots$,n-1,n$\geqslant$0}

  数据关系:S= {<a_{i-1}, a_i>| a_{i-1}, $a_i \in$ D, i=1,$\cdots$,n-1}

  基本操作:设 L 为 Linear_list 型

    InitList(L)   //初始化空表操作;

    ListLength(L)   //求表长函数;

    ListGet(L,i)   //取序号为 i 的数据元素;

    LocateElem(L,e)   //定位函数;

    ListInsert(L,i,e)   //插入操作;

    ListDelete(L,i)   //删除操作;

二、线性表的顺序存储结构

用一组地址连续的存储单元依次存放线性表的数据元素称为线性表的顺序存储结构,简称为顺序表。顺序表的特点是,逻辑上相邻的数据元素在物理存储位置上也相邻。

1. 顺序表的描述

```
#define Maxsize <顺序表的最大元素个数>
typedef struct
{DataType list[Maxsize];
    int size；
}SeqList；
```

其中，DataType 根据实际要解决的问题确定具体的数据类型，list 数组用于存储线性表的数据元素，size 表示顺序表中当前存储的数据元素的个数。

2. 顺序表的初始化操作的实现

```
void InitList(SeqList *L)
{L->size=0；}
```

3. 顺序表的插入操作的实现

```
int ListInsert(SeqList *L,int i,DataType x)
    /*在顺序表 L 中的第 i 个元素之前插入一个新的数据元素 x*/
{   int  j；
    if  (L->size>=MaxSize)
        {  printf("表已满,不能插入!\n");return 0;}
    else if (i<0||i>L->size)
        {  printf("i 值不合法!\n");      return 0;}
    else
        {  for (j=L->size;j>i;j--)
            L->list[j]=L->list[j-1];    /*数据元素依次后移*/
        L->list[i]=x；   /*插入 x*/
        L->size++；
        return 1；}
}
```

4. 顺序表的删除操作的实现

```
int ListDelete(SeqList *L,int i,DataType *x)
    /*删除顺序表 L 的第 i 个数据元素*/
{   int j；
    if (L->size<=0)
        {  printf("表空,不能删除!\n");   return 0; }
    else   if (i<0||i>L->size -1)
        {  printf("i 值不合法!\n");      return 0;  }
    else{    *x=L->list[i]；
            for (j=i+1;j<=L->size -1;j++)
                L->list[j-1]=L->list[j];    /*数据元素依次前移*/
            L->size--；
```

         return 1；   }
}

三、线性表的链式存储结构

用一组地址任意的存储单元依次存放线性表的各个数据元素称为线性表的链式存储结构,简称链表。数据元素的逻辑顺序通过指针链接次序实现。在链表中,逻辑上相邻的数据元素,其物理存储位置不一定相邻。链表根据指针的数量可分为单向链表和双向链表,根据指针的性质分为普通链表和循环链表。

1．单向链表

若链表中的每个结点只有一个指针域,则称为单链表。非空的带头结点的单链表的逻辑状态图如图 2-1 所示。

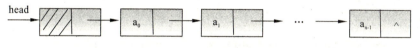

图 2-1 非空的带头结点的单链表

1)单链表的描述
定义单链表的结点结构如下：
typedef struct Node
{   DataType data；
    struct Node *next；
}SLNode；
2)带头结点的单链表的初始化操作的实现
void InitList(SLNode **head)
{   if ((*head=(SLNode *)malloc(sizeof(SLNode)))==NULL)
        exit(1)；
    (*head)->next=NULL；
}
3)带头结点的单链表的查找操作的实现
DataType ListGet(SLNode *head,int i)
    /*在 head 为头指针的带头结点的单链表中,读取第 i 个元素 */
{   SLNode *p；   /*p 为搜索指针*/
    int j；
    p=head；
    j=-1；
    while (p->next!=NULL&&j<i)
        {p=p->next；   /*p 指针后移,指向下一个结点*/
        j++；   }
if (j!=i)

　　　　{printf("取元素位置参数错!");　　return NIL;}
　　　return p->data;
}
4)带头结点的单链表的插入操作的实现
int ListInsert(SLNode *head,int i,DataType x)
/*在 head 为头指针的带头结点的单链表中,在第 i 个结点前插入元素 x */
{　　SLNode *p,*s;
　　int j;
　　p=head;
　　j=-1;
　　while (p->next!=NULL&&j<i-1) /*寻找第 i-1 个结点*/
　　　　{　p=p->next;　　j++;　}
　　if (j!=i-1)
　　　　{　printf("\n 插入位置不合理!");　　return 0;　}
　　if((s=(SLNode *)malloc(sizeof(SLNode)))==NULL)
　　　　exit(1);
　　s->data=x;
　　s->next=p->next;　　/*插入*/
　　p->next=s;
　　return 1;
}
5)带头结点的单链表的删除操作的实现
int ListDelete(SLNode *head,int i,DataType *x)
　　/*在 head 为头指针的带头结点的单链表中,删除第 i 个结点 */
{　　SLNode *p,*q;
　　int　j;
　　p=head;
　　j=-1;
　　while (p->next!=NULL && p->next->next!=NULL && j<i-1)/*寻找第 i-1 个结点*/
　　　　{　p=p->next;　　j++;　}
　　if (j!=i-1)
　　　　{　printf("\n 删除位置不合理!");　　return 0;　　}
　　q=p->next;　　/*删除*/
　　*x=q->data;
　　p->next=q->next;
　　free(q);
　　return 1;
}

2. 双向链表

双向链表中结点有两个指针域,一个指示直接前驱,另一个指示直接后继。带头结点的循环双向链表的逻辑状态图如图 2-2 所示。

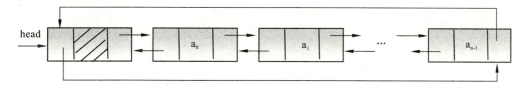

图 2-2 非空的带头结点的循环双向链表

1)双向链表的描述

定义双向链表的结点结构如下:

typedef struct Node
{ DataType data;
　　struct Node *prior;　//指向直接前驱
　　struct Node *next;　　//指向直接后继
}DLode;

2)带头结点的循环双向链表中插入操作的实现

int DListInsert(DLNode *head,int i,DataType x)

　　/*在带头结点的循环双向链表中的第 i 个结点之前插入数据元素 x*/

{
　　DLNode *p,*s;
　　int j;
　　p=head ->next;
　　j=0;
　　while (p!=head&&j<i)
　　　　{ p=p ->next;　　j++; }
　　if (j!=i)
　　　　{ 　printf("\n 插入位置不合理!"); 　return 0; }
　　if ((s=(DLNode *)malloc(sizeof(DLNode)))==NULL)
　　　　exit(0);
　　s ->data=x;
　　s ->prior=p ->prior;/*插入 */
　　p ->prior ->next=s;
　　s ->next=p;
　　p ->prior=s;
　　return 1;
}

3)带头结点的循环双向链表中删除操作的实现

```
int DListDelete(DLNode *head,int i,DataType *x)
    /*删除带头结点的循环双向链表中的第 i 个结点*/
{   DLNode *p;
    int j;
    p=head->next;
    j=0;
    while (p->next!=head&&j<i)
        {   p=p->next;  j++;   }
    if (j!=i)
        {  printf("\n 删除位置不合理!");    return 0;     }
    p->prior->next=p->next;/*删除*/
    p->next->prior=p->prior;
    *x=p->data;
    free(p);    /*释放已删除结点*/
    return 1;
}
```

第二节 上机实习示例:一元稀疏多项式的加法运算

【题目要求】

设计一个实现一元稀疏多项式相加运算的演示程序。基本要求如下:

(1)输入并建立两个多项式。

(2)多项式 A 与 B 相加,建立和多项式 C。

(3)输出多项式 A,B,C。输出格式:比如多项式 A 为:$A(x)=c_1 xe_1+c_2 xe_2+\cdots+c_m x_{em}$,其中,$c_i$ 和 e_i 分别为第 i 项的系数和指数,且各项按指数的升幂排列,即 $0 \leqslant e_1 < e_2 < \cdots < e_m$。多项式 B、C 类似输出。

【设计思想】

一元 n 次稀疏多项式 $A(x)=c_1 xe_1+c_2 xe_2+\cdots+c_n x_{em}$(其中,$0 \leqslant e_1 < e_2 < \cdots < e_m = n$ 且 $c_1,c_2,\cdots,c_m \neq 0$),可记作线性表 $A=((c_1,e_1),(c_2,e_2)\cdots(c_m,e_m))$,其中,元素为二元组(系数,指数)。由于为稀疏多项式,只需存储非零项,存储结构设计为单链表。

单链表的结点定义如下:

```
typedef struct Polynode
{   float coef;  /*系数*/
    int   exp;   /*指数*/
    struct Polynode *next;
}Polynodetype;
```

两个多项式相加运算规则:两个多项式中所有指数相同的项的对应系数相加,若和不为零,则构成"和多项式"中的一项;所有指数不相同的项均复制到"和多项式"中。给定两个多项式 A 和 B,创建对应的单向链表时按升幂排列。设多项式 A 和 B 相加的结果为"和多项式 C",则相加的具体思想为:

首先初始化多项式 C 的链表为空,设 s 指针用于创建 C 的新结点,设 p 和 q 分别指示多项式 A 和 B 中某一结点。当 p 和 q 均非空时,比较 p->exp 与 q->exp:

(1)若 p->exp<q->exp,则 p 所指结点是"和多项式 C"中的一项,用 s 申请 C 的新结点,s->exp=p->exp,s->coef=p->coef,将 s 插入 C 的表尾,令指针 p 后移。

(2)若 p->exp>q->exp,则 q 所指结点是"和多项式 C"中的一项,用 s 申请 C 的新结点,s->exp=q->exp,s->coef=q->coef,将 s 插入 C 的表尾,令指针 q 后移。

(3)若 p->exp==q->exp,则将两个结点中的系数相加,当和不为零时,用 s 申请 C 的新结点,s->exp=p->exp,s->coef=p->coef+q->coef,将 s 插入 C 的表尾;若和为零,则"和多项式 C"中无此项。令指针 p 和 q 都后移。

当条件"p 和 q 均非空"不满足时,判断:
if (q==null)将剩余的 p 表全部复制至"和多项式 C"的表尾。
if (p==null)将剩余的 q 表全部复制至"和多项式 C"的表尾。

【算法实现】

```c
#include "stdio.h"
#include "stdlib.h"

typedef struct Polynode
{
    float   coef;  /*系数*/
    int     exp;   /*指数*/
    struct  Polynode *next;
}Polytype;

void ListInitiate(Polytype **head)
    /*带头结点单链表的初始化*/
{
    if((*head=(Polytype *)malloc(sizeof(Polytype)))==NULL)
        exit(1);
    (*head)->next=NULL;
}

void ListInsertAscending(Polytype *head,float c,int e)
    /*按指数升幂排序插入多项式链表*/
{
    Polytype *curr,*pre,*p;
```

```
        curr=head->next;
        pre=head;
        while (curr!=NULL && curr->exp <=e)
        {
            pre=curr;
            curr=curr->next;
        }
        if ((p=(Polytype *)malloc(sizeof(Polytype)))==NULL)
            exit(1);
        p->coef=c;
        p->exp=e;
        p->next=pre->next;
        pre->next=p;
    }

    void CreatePolyList(Polytype *head)
        /*创建多项式链表的函数,调用 ListInsertAscending 函数*/
    {
        float c;
        int e;
        scanf("%f%d",&c,&e);
        while (c!=0.0)
        {
            ListInsertAscending(head,c,e);
            scanf("%f%d",&c,&e);
        }
    }

    void ShowPoly(Polytype *head)
        /*在屏幕上打印多项式链表*/
    {
        Polytype *p;
        p=head->next;
        if (p)
            if (p->exp !=0)
                if (p->coef ==1)
                    printf("x%d",p->exp);
                else if (p->coef ==-1)
                    printf("- x%d",p->exp);
```

```
            else
                printf("%.2fx%d",p->coef,p->exp);
            else
                printf("%.2f",p->coef);
    while (p->next!=NULL)
    {
        p=p->next;
        if (p->coef<0)
            if (p->coef==-1)
                printf("-x%d",p->exp);
            else
                printf("%.2fx%d",p->coef,p->exp);
        if (p->coef>0)
            if (p->coef==1)
                printf("+x%d",p->exp);
            else
                printf("+%.2fx%d",p->coef,p->exp);
    }
}

void AddPoly(Polytype *headA,Polytype *headB,Polytype *headC)
    /*将 headA 和 headB 指示的两个多项式相加,和多项式存储在以 headC 为头指针的多
      项式链表中*/
{
    Polytype *p,*q,*s,*t;
    p=headA->next;
    q=headB->next;
    t=headC;
    while (p&&q)
    {
        if (p->exp<q->exp)
        {
            if ((s=(Polytype *)malloc(sizeof(Polytype)))==NULL)
                exit(1);
            s->coef=p->coef;
            s->exp=p->exp;
            t->next=s;
            t=s;
            p=p->next;
```

```
        }
        else if (p ->exp >q ->exp )
        {
            if ((s=(Polytype *)malloc(sizeof(Polytype)))==NULL)
                exit(1);
            s ->coef =q ->coef ;
            s ->exp =q ->exp ;
            t ->next =s;
            t=s;
            q=q ->next ;
        }
        else
        {
            if (p ->coef+q ->coef !=0)
            {
                if ((s=(Polytype *)malloc(sizeof(Polytype)))==NULL)
                    exit(1);
                s ->coef =p ->coef+q ->coef ;
                s ->exp =p ->exp ;
                t ->next =s;
                t=s;
            }
            p=p ->next ;
            q=q ->next ;
        }
    }
    while (p)
    {
        if ((s=(Polytype *)malloc(sizeof(Polytype)))==NULL)
            exit(1);
        s ->coef =p ->coef ;
        s ->exp =p ->exp ;
        t ->next =s;
        t=s;
        p=p ->next ;
    }
    while (q)
    {
        if ((s=(Polytype *)malloc(sizeof(Polytype)))==NULL)
```

```
            exit(1);
        s->coef = q->coef;
        s->exp = q->exp;
        t->next = s;
        t=s;
        q=q->next;
    }
    t->next = NULL;
}

void main( )
{
    Polytype *A,*B,*C;
    printf("----------多项式相加----------\n");
    ListInitiate(&A);
    ListInitiate(&B);
    ListInitiate(&C);
    printf("请创建多项式 A:\n 输入每一项的系数和指数(输入0 0结束)\n");
    CreatePolyList(A);
    printf("多项式 A=");
    ShowPoly(A);
    printf("\n\n 请创建多项式 B:\n 输入每一项的系数和指数(输入0 0结束)\n");
    CreatePolyList(B);
    printf("多项式 B=");
    ShowPoly(B);
    AddPoly(A,B,C);
    printf("\n\n 多项式 A 和 B 相加:\n 和多项式 C=A+B=");
    ShowPoly(C);
}
```

【测试数据及结果】

测试数据为:

(1)(1+x+x2+x3+x4+x5)+(−x3−x4)=(1+x+x2+x5)

(2)(x+x100)+(x100+x200)=(x+2x100+x200)

(3)(2x+5x8−3x11)+(7−5x8+11x9)=(7+2x+11x9−3x11)

程序的测试结果如下:

----------多项式相加----------

请创建多项式 A:

输入每一项的系数和指数(输入0 0结束)
1 0
1 1
1 2
1 3
1 4
1 5
0 0
多项式 A=1.00+x1+x2+x3+x4+x5

请创建多项式 B：
输入每一项的系数和指数(输入0 0结束)
-1 3
-1 4
0 0
多项式 B=-x3-x4

多项式 A 和 B 相加：
和多项式 C=A+B=1.00+x1+x2+x5

----------多项式相加----------
请创建多项式 A：
输入每一项的系数和指数(输入0 0结束)
1 1
1 100
0 0
多项式 A=x1+x100

请创建多项式 B：
输入每一项的系数和指数(输入0 0结束)
1 100
1 200
0 0
多项式 B=x100+x200

多项式 A 和 B 相加：
和多项式 C=A+B=x1+2.00x100+x200

----------多项式相加----------

请创建多项式 A：
输入每一项的系数和指数(输入0 0结束)
2 1
5 8
-3 11
0 0
多项式 A=2.00x1+5.00x8-3.00x11

请创建多项式 B：
输入每一项的系数和指数(输入0 0结束)
7 0
-5 8
11 9
0 0
多项式 B=7.00-5.00x8+11.00x9

多项式 A 和 B 相加：
和多项式 C=A+B=7.00+2.00x1+11.00x9-3.00x11

第三节 上机题目

题目1 长整数运算

【问题描述】

设计一个程序实现两个任意长的整数求和运算。

【基本要求】

利用双向循环链表实现长整数的存储,每个结点含一个整型变量。任何整型变量的范围是$-(2^{15}-1) \sim (2^{15}-1)$。输入和输出形式:按中国对于长整数的表示习惯,每4位一组,组间用逗号隔开。

【测试数据】

(1)0;0;应输出"0"。

(2)-2345,6789;-7654,3211;应输出"-1,0000,0000"。

(3)-9999,9999;1,0000,0000,0000;应输出"9999,0000,0001"。

(4)1,0001,0001;-1,0001,0001;应输出"0"。

(5)1,0001,0001;-1,0001,0000;应输出"1"。

【实现提示】

(1)每个结点中可以存放的最大整数为$2^{15}-1=32767$,才能保证两数相加不会溢出。但若这样存,即相当于按 32768 进制数存,在十进制数与 32768 进制数之间的转换十分不方便。故可以在每个结点中仅存十进制数的 4 位,即不超过 9999 的非负整数,整个链表视为万进制数。

(2)可以利用头结点数据域的符号代表长整数的符号。用其绝对值表示元素结点数目。相加过程中不要破坏两个操作数链表。两操作数的头指针存于指针数组中是简化程序结构的一种方法。不能给长整数位数规定上限。

【扩展内容】

修改上述程序,使它在整型量范围是$-(2^n-1) \sim (2^n-1)$的计算机上都能有效地运行。其中,n 是由程序读入的参量。输入数据的分组方法可以另行规定。

题目2 集合的并、交和差运算

【问题描述】

设计一个能演示集合的交、并和差的运算的程序。

【基本要求】

(1)集合的元素设定范围为 26 个大写字母('A'~'Z');

(2)程序演示时以人机交互的方式执行。

【测试数据】

设 Set1="DATA",Set2=" STRUCTURE",则
Set1∪Set2="ACDERSTU ",Set1∩Set2="T",Set1 – Set2="AD"。

【实现提示】

采用有序链表表示集合。

【扩展内容】

(1)集合的元素类型进行推广至其他类型。

(2)集合的补集运算。

题目3 n(n≥20)的阶乘

【问题描述】

大数运算——计算 n 的阶乘 (n≥20)。

【基本要求】

1)数据的表示和存储

(1)累积运算的中间结果和最终的计算结果的数据类型要求是整型——这是问题本身的要求。

(2)试设计合适的存储结构,要求每个元素或结点最多存储数据的 3 位数值。

2)数据的操作及其实现

基于设计的存储结构实现乘法操作,要求从键盘上输入 n 值;在屏幕上显示最终计算结果。

【测试数据】

(1)n=20,n!=2432902008176640000

(2)n=30,n!=265252859812191058636308480000000

【实现提示】

1)设计数据的存储结构

介于阶乘运算的精确性以及实型数据表示的不精确性,本题不能采用实型表示累积运算的中间结果和最终的计算结果,而只能用整型。然而由于普通整型和长整型所能表述数的范围受其字长的限制,不能表示大数阶乘的累积结果,故必须设计一个合适的数据结构实现对数据的存储,例如可以让每个元素或结点存储数据的若干位数值。

从问题描述不难看出 n 值为任意值,故为使程序尽量不受限制,应采用动态存储结构。

2)数据的操作及其实现

(1)累积运算的特点是当前的计算结果是下次乘法运算的乘数。

(2)实现两个数的乘法运算需考虑:乘数的各位数都要与被乘数进行乘法运算;乘法过程中的进位问题及其实现;因每个元素或结点最多存储数据的 3 位数值,故当元素或结点中的数值大于 999,需向前一个元素或结点进位。

【扩展内容】

(1)采用链式存储结构实现(普通单链表、循环单链表、普通双向链表和双向循环链表中任选一种结构)。

(2)采用动态数组实现。

第三章　堆栈和队列

栈和队列是两种特殊的线性表,其插入和删除操作都限制在线性表的端部进行,即限制了存取位置。因此,我们称之为限定性的数据结构。

从逻辑结构上看,栈和队列也是线性表,但由于其基本操作是线性表操作的子集,因此从数据类型角度来看,它们是和线性表大不相同的两类重要的抽象数据类型。

栈、队列是常用数据结构,不仅可直接用于描述问题,而且大量用于算法的实现中。

本章的主要知识点有:堆栈的定义及特征、堆栈的两种存储结构及操作的实现、队列的定义及特征、队列的两种存储结构及操作的实现。

第一节　基本知识

一、堆栈

1. 堆栈的定义和特征

堆栈是限制仅在表的一端进行插入和删除运算的线性表。其中,允许插入和删除的一端称为栈顶,不能进行插入和删除的一端称为栈底。堆栈示意图如图 3-1 所示,可看出,最先进入堆栈的元素最后出栈,最后进入堆栈的元素最先出栈。因此,堆栈的特征是后进先出。

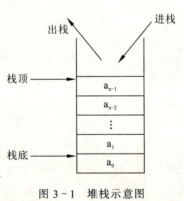

图 3-1　堆栈示意图

堆栈的抽象数据类型定义为:

ADTStack

　　数据对象:$D=\{a_i | a_i \in ElemSet, i=0,1,2,\cdots,n-1, n \geqslant 0\}$

　　数据关系:对于所有的数据元素 $a_i(i=0,1,2,\cdots,n-2)$存在次序关系$<a_i, a_{i+1}>$,a_0无直接前驱,a_{n-1}无直接后继。

　　基本操作:设 S 为 Stack 类型的栈,则可进行下列操作:

　　　　StackInitiate(S)　　//初始化空栈操作;

　　　　StackGetTop(S)　　//取栈顶的数据元素;

　　　　StackPush(S,x)　　//入栈操作;

　　　　StackPop(S)　　//出栈操作;

　　　　　StackEmpty(S)　　　//判栈空函数。
2．堆栈的顺序存储结构
　用一组地址连续的存储单元依次存放堆栈的数据元素称为堆栈的顺序存储结构,简称为顺序栈。
　1)顺序栈的描述
　#define MaxSize <堆栈能存放的最大元素数>
　typedef struct
　{　　DataType stack[MaxSize];
　　　　int top;/*top 称作栈顶指针*/
　} SeqStack；
　当top指向0时,表示栈空；当top指向MaxSize时,表示栈满。
　2)顺序栈的入栈操作的实现
　当栈满时,产生"上溢"错误,返回"0"值；当栈不满时,把待插入元素放入栈中,然后栈顶指针加1,返回"1"值。
　int SeqStackPush (SeqStack *s,DataType x)
　{　　if (s→top>=MaxSize)
　　　　　return 0;
　　　else {
　　　　　　s→stack [s→top]=x;
　　　　　　s→top++;
　　　　　　return 1;　}
　}
　3)顺序栈的出栈操作的实现
　当栈空时,返回0;否则,栈顶指针值减1,弹出栈顶元素到参数d,返回1。
　int　SeqStackPop(SeqStack *s,DataType *d)
　{
　　　if (s→top<=0)
　　　　　{ printf("栈空");　　　return 0;}
　　　else {
　　　　　s→top--;
　　　　　*d=s→stack[s→top];
　　　　　return 1;}
　}
3．堆栈的链式存储结构
　用一组任意的存储单元(可不连续)来存放栈中的各个结点、栈中结点是用指针链接起来的栈,称为链栈。
　1)链栈的描述
　typedef struct LinkStackNode
　{　　DataType data;

　　　　struct LinkStackNode *next；

　　}LinkStack；

2)链栈的入栈操作的实现

　　只要生成一个新结点，将它插入在当前栈顶结点之前，表头结点之后即可。无需考虑栈满，也无需移动元素。

　　int LinkStackPush (LinkStack *h，DataType x)

　　{　　LinkStack *p；

　　　　if ((p=(LinkStack *)malloc(sizeof (LinkStack)))==NULL)

　　　　　　return 0；

　　　　p→data=x；

　　　　p→next=h→next；

　　　　h→next=p；

　　　　return 1；

　　}

3)链栈的出栈操作的实现

　　先判栈空否，若不空，则将当前的栈顶结点从链表中删除，并返回被删的栈顶元素值。

　　DataType LinkStackPop(LinkStack *h)

　　{

　　　　LinkStack *p；

　　　　DataType x；

　　　　if(h->next==NULL)

　　　　　　{　printf("栈空")；　return NIL；　}

　　　　p=h->next；

　　　　h->next=p->next；

　　　　x=p->data；

　　　　free(p)；

　　　　return x；

　　}

二、队列

1. 队列的定义和特征

　　队列是限定所有的插入操作在表的一端进行，而删除操作在表的另一端进行的线性表。允许插入的一端称为队尾，允许删除的一端称为队头。队列的插入和删除操作简称为入队和出队。队列的示意图如图 3-2 所示。从图 3-2 可看出，最先进入队列的元素最先离开队列。因此，队列的特征是先进先出。

　　队列的抽象数据类型定义为：

　　ADT Queue

　　　　数据对象：$D=\{a_i | a_i \in ElemSet, i=0,1,2,\cdots,n-1, n \geq 0\}$

　　　　数据关系：对于所有的数据元素 $a_i(i=0,1,2,\cdots,n-2)$ 存在次序关系 $<a_i, a_{i+1}>$，a_0 无直

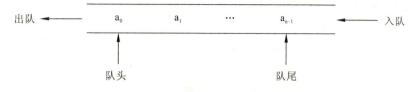

图 3-2　队列示意图

接前驱，a_{n-1} 无直接后继。

基本操作：设 Q 为 Queue 类型的栈，则可进行下列操作：

　　QueueInitiate(Q) //构造一个空队列 Q；

　　QueueNotEmpty(Q)/*判断队列 Q 非空否，若 Q 非空，则返回1,否则返回0*/

　　QueueAppend(Q,x) /*在队列 Q 的队尾插入一个值为 x 的元素,插入成功返回1,失败返回0*/

　　QueueDelete(Q,x) /*删除队列 Q 的队头元素,被删除的队头元素通过 x 带回,删除成功返回1,失败返回0*/

　　QueueGet(Q,x) //取队列 Q 的队头元素并由 x 带回。

2. 队列的顺序存储结构

采用顺序存储结构的队列成为顺序队列。顺序队列的描述为：

#define　MaxQueueSize　<队列允许存放的最大元素数>

typedef　struct

{　DataType　queue[MaxQueueSize];

　　int　front;/*队头指示器,指向实际队头元素位置*/

　　int　rear;/*队尾指示器,指向实际队尾元素的下一个位置*/

} SeqQueue；

为了解决顺序队列中的"假溢出"问题,采用循环队列,即把队列设想为一个循环的队列。将数组的存储区 0~MaxQueueSize -1 看成是一个首尾相接的环形区域,当存放到 MaxQueueSize -1 地址后,下一个地址就"翻转"为 0,采用这种技巧来存贮的队列称为循环队列。循环队列的示意图如图3-3所示。

在循环队列中,队满和队空时,Q -> front == Q -> rear 均满足。区分两种状态的方法之一,是少用一个元素空间,以尾指针加1等于头指针作为队满的标志。

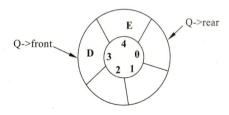

图3-3　循环队列示意图

1) 循环队列的入队操作的实现

当队列满时,产生"上溢"错误,返回"0"值；当队列不满时,把待插入元素 x 放入尾指针所指的位置,尾指针加1(注意：进行模运算),然后返回"1"值。

int SeqQueueAppend (SeqQueue *q,DataType x)
{
　　if ((q -> rear+1)% MaxQueueSize==q -> front)

```
        {   printf("\n 队列已满！");         return 0；    }
    q->queue[q->rear]=x；
    q->rear=(q->rear+1)% MaxQueueSize；
    return 1；
}
```

2)循环队列的出队操作的实现

当队空时,返回0;否则删除队头元素并赋值给 x,头指针值加1(注意:进行模运算),并返回1。

```
int SeqQueueAppend (SeqQueue *q,Datatype *x)
{
    if (q->front==q->rear)
        {   printf("\n 队列已空！");         return 0；    }
    *x=q->queue[q->front]；
    q->front=(q->front+1)% MaxQueueSize；
    return  1 ；
}
```

3.队列的链式存储结构

队列中结点是用指针链接起来的队列称为链队列。

链队列中结点的定义为：

```
typedef struct qnode
{   DataType data；
    struct qnode *next；
} LinkQNode；
```

链队列的描述为：

```
typedef struct
{   LinkQNode *front；
    LinkQNode *rear；
}LinkQueue；
```

1)链队列的入队操作的实现

只要生成一个新结点,将它插入在当前队尾结点之后,然后修改尾指针使之指向新的队尾结点即可。无需考虑队满,也无需移动元素。

```
int LinkQueueAppend (LinkQueue *q,DataType x)
{   LinkQNode *p；
    if((p=(LinkQNode *)malloc(sizeof(LinkQNode)))==NULL)
        {   printf("\n 分配内存失败！");return 0；}
    p->data=x；
    p->next=NULL；
    q->rear->next=p；/*新结点链入队尾结点之后*/
    q->rear=p；   /*尾指针后移,新结点成为当前的队尾结点*/
```

            return 1；
    }
2)链队列的出队操作的实现
先判队空否，若不空，则将当前的队头结点从链表中删除，并返回被删的队头元素值。
DataType LinkQueueDelete(LinkQueue *q)
{   LinkQNode *p；
    DataType x；
    if(q –> front==q –> rear)
        { printf("队空")；   return NIL；   }
    p=q –> front –> next；
    q –> front –> next=p –> next；   /*删除队头结点*/
    if(p –> next==NULL)   /*若队中只有一个元素,删除后队列为空*/
        q –> rear=q –> front；   /*此时,要修改尾指针*/
    x=p –> data；
    free(p)；
    return x；
}

第二节　上机实习示例：电话客户服务模拟

【题目要求】
　　一个模拟时钟提供接听电话服务的时间(以分钟计)，然后这个时钟将循环地自增1(分钟)直到到达指定时间为止。在时钟的每个"时刻"，就会执行一次检查来看看当前电话的服务是否已经完成，如果是，这个电话从电话队列中删除，模拟服务将从队列中取出下一个电话(如果有的话)继续开始。同时还需要执行一个检查来判断是否有一个新的电话到达。如果是将其到达时间记录下来，并为其产出一个随机服务时间，这个服务时间也被记录下来，然后这个电话被放入电话队列中，当客户服务人员空闲时，按照先来先服务的方式处理这个队列。当时钟到达指定时间时，不会再接听新电话，但是服务将继续，直到队列中所有电话都得到处理为止。
　　要求：
　　(1)程序需要的初始数据包括客户服务人员的人数、时间限制、电话的到达速率、平均服务时间。
　　(2)程序产生的结果包括处理的电话数及每个电话的平均等待时间。
【设计思想】
　　题目要求计算每个客户电话的平均等待时间，每个客户都有拨入电话的时间、被客户服务人员接听的时间及服务时间，因此定义客户类型如下：
typedef struct
{
    int callinTime；   // 客户拨入电话的时间

		int serveTime; // 客户接受服务所需的时间
		int currentTimeServiced;// 当前接受服务的时间
}CustomerType;

在客户服务系统中,先拨入电话的客户先被服务;如果客户服务人员忙则先进入等待,待客户服务人员空闲时优先接听先拨入电话的客户;因此,满足队列的先进先出的特征,故将客户等待队列定义为如下的链队列:

typedef CustomerType DataType;
typedef struct qnode
{
		DataType data;
		struct qnode *next;
}LQNode;
typedef struct
{
		LQNode *front;
		LQNode *rear;
}LQueue;

为了模拟电话服务计时,定义当前的时间 currentTime 为全局变量。客服人员的人数、服务的时间限制、每小时的电话数以及平均服务时间由用户在程序运行时输入。为了实现更好的模拟效果,每个客户接受服务所需要的时间设定为根据泊松分布生成的随机数。

在程序中,设定多个客服人员共用一个客户等待队列 WaitingQ。在 CallSimulation( )函数中,先初始化 WaitingQ 为空队列,为客户服务人员正在服务的客户申请存储空间并初始化。设置随机数种子开始模拟客户服务。当前时间没有到达限制时间时,检查是否有新电话拨入,如果有,将其加入客户队列,然后客服人员为其服务,并增加时间;当前时间到达限制时间时,客服人员不再接入新拨打的电话,检查等待队列中是否有等待客户,如果有,客服人员为其服务,并增加时间。具体思想如下:

```
while (currentTime<limitTime)    // 未到达时间限制,可检查新电话
{
		CheckForNewCall( );       // 检查是否有新电话,如果有,则将电话添加到电话队列
		Service( );               // 客户服务人员对客户进行服务
		currentTime++;            // 增加时间
}
while (QueueNotEmpty(WaitingQ))   // 在电话等待队列中还有客户在等待服务
{     Service( );                 // 客户服务人员对客户进行服务
		currentTime++;            // 增加时间
}
```

其中,CheckForNewCall( )函数用于检查是否有新电话拨入,如果有,生成客户的电话信息并加入等待队列;Service( )函数用于处理每个客服人员对当前客户提供服务。对于每个客服人员,如果当前时间还没有到达客户接受服务所需的时间,则继续服务,客户的服务时间递增;如

果到达了客户接受服务所需的时间,则检查等待队列中是否有等待客户,如果有,将其从等待队列中取出并为其提供服务,累加更新总的客户等待时间 totalWaitingTime。具体为:

```
for ( i=0;i<numOfServicers;i++)    // 处理每个客服工作人员提供的服务
{   if (customerServed[i].currentTimeServiced< customerServed[i].serveTime)
         //未到达客户接受服务所需的时间,正在为客户提供服务
    {   customerServed[i].currentTimeServiced++;// 增加客户接受服务时间
    }
    else   // 已到达客户接受服务所需的时间,为下一客户提供服务
    {   if (QueueNotEmpty(WaitingQ))   //等待队列非空,还有客户在等待服务
        {
              QueueDelete(&WaitingQ,&customerServed[i]);
                //从等待队列中取出新客户进行服务
              totalWaitingTime+=currentTime - customerServed[i].callinTime;
                //更新总等待时间
        }
    }
}
```

当前时间到达时间限制,并且等待队列为空时,模拟服务完成,调用 Display( )函数输出处理的电话数,每个电话的平均等待时间。

【算法实现】

```
/*========本程序一共建立了四个文件========*/
/*========第一个文件:LQueue.h===========*/
/*==============================*/
/*客户类型*/
typedef struct
{
    int callinTime;              // 客户拨入电话时间
    int serveTime;               // 客户接受服务所需的时间
    int currentTimeServiced;     // 当前接受服务的时间
}CustomerType;

/*链队列*/
typedef CustomerType DataType;

typedef struct qnode
{
    DataType data;
    struct qnode *next;
}LQNode;
```

```c
typedef struct
{
    LQNode *front;
    LQNode *rear;
}LQueue;

/*链队列初始化*/
void QueueInitiate(LQueue *Q)
{
    Q->rear=NULL;
    Q->front=NULL;
}

/*判断链队列非空*/
int QueueNotEmpty(LQueue Q)
{
    if(Q.front==NULL) return 0;
    else return 1;
}

/*入队列*/
int QueueAppend(LQueue *Q,DataType x)
{
    LQNode *p;
    if((p=(LQNode *)malloc(sizeof(LQNode)))==NULL)
    {
        printf("内存空间不足!");
        return 0;
    }
    p->data=x;
    p->next=NULL;
    if(Q->rear!=NULL) Q->rear->next=p;
    Q->rear=p;
    if(Q->front==NULL) Q->front=p;
    return 1;
}

/*出队列*/
```

```c
int QueueDelete(LQueue *Q, DataType *x)
{
    LQNode *p;
    if(Q->front==NULL)
    {
        printf("队列已空,无数据元素出队列!\n");
        return 0;
    }
    else
    {
        *x=Q->front->data;
        p=Q->front;
        Q->front=Q->front->next;
        if(Q->front==NULL) Q->rear=NULL;
        free(p);
        return 1;
    }
}

/*取队头数据元素*/
int QueueGet(LQueue Q, DataType *d)
{
    if(Q.front==NULL)
    {
        printf("队列已空\n");
        return 0;
    }
    else
    {
        *d=Q.front->data;
        return 1;
    }
}

/*求队列长度*/
int QueueLength(LQueue Q)
{
    int len=0;
    LQNode *p;
```

```c
        p=Q.front;
        if (p==NULL)
            return 0;
        else
        {
            len++;
            while (p->next !=NULL)
            {
                p=p->next;
                len++;
            }
            return len;
        }
}

/*撤销动态申请空间*/
void Destroy(LQueue Q)
{
    LQNode *p,*p1;
    p=Q.front;
    while(p!=NULL)
    {
        p1=p;
        p=p->next;
        free(p1);
    }
}

/*========第二个文件:TimeProceed.h========*/
/*===============================*/
#include "time.h"
#include "stdlib.h"
#include "math.h"

/*设置当前时间为随机数种子*/
void SetRandSeed( )
{
    srand((unsigned)time(NULL));
}
```

```c
/*生成期望值为 expectValue 泊松随机数*/
int GetPoissionRand(double expectValue)
{
    double x=rand( ) / (double)(RAND_MAX+1);
    int k=0;
    double p=exp(-expectValue);
    double s=0;
    while (s<=x)
    {
        s+=p;
        k++;
        p=p*expectValue /k;
    }
    return k-1;
}

/*=========第三个文件:CallSimulation.h========*/
/*===============================*/
#include "TimeProceed.h"
#include "LQueue.h"

LQueue    WaitingQ;                    // 客服电话等待队列
CustomerType *customerServed;          // 客服人员正在服务的客户
int currentTime;                       // 当前时间
int totalWaitingTime;                  // 总等待时间
int numOfCalls;                        // 处理的电话数
int numOfServicers;                    // 客服人员的人数
int limitTime;                         // 时间限制
double arrivalRate;                    // 客户到达率
int aveServiceTime;                    // 平均服务时间

void Service( );                       // 服务当前电话
void CheckForNewCall( );               // 检查是否有新电话,如果有,则将电话添加到电
                                       //   话队列
void Display( );                       // 显示模拟结果
int NumOfWaitCall( );                  // 得到电话队列中等待的电话数

/*电话客户服务模拟的实现*/
```

```c
void CallSimulation( )
{
//初始化数据成员
currentTime=0;                          // 当前时间初值为0
totalWaitingTime=0;                     // 总等待时间初值为0
numOfCalls=0;                           // 处理的电话数初值为0

//获得模拟参数
printf("\n 输入客服人员的人数:");
scanf("%d",&numOfServicers);            // 输入客服人员的人数
printf("输入时间限制:");
scanf("%d",&limitTime);                 // 不再接受新电话的时间
int callsPerHour;                       // 每小时电话数
printf("输入每小时电话数:");
scanf("%d",&callsPerHour);
arrivalRate=callsPerHour/60.0;          // 转换为每分钟电话数
printf("输入平均服务时间:");
scanf("%d",&aveServiceTime);

QueueInitiate(&WaitingQ);
customerServed=(CustomerType *)malloc(numOfServicers*sizeof(CustomerType));
    // 为客服人员正在服务的客户分配存储空间

//初始化客服人员正在服务的客户
for (int i=0;i<numOfServicers;i++)
{
    customerServed[i].currentTimeServiced=0;
    customerServed[i].serveTime=0;      // 表示还没人接受服务
}

SetRandSeed( );                         // 设置随机数种子
while (currentTime<limitTime)           // 未到达时间限制,可检查新电话
{
    CheckForNewCall( );                 // 检查是否有新电话,如果有,则将电话添加到电
                                        //   话队列
    Service( );                         // 客户服务人员对客户进行服务
    currentTime++;                      // 增加时间
}
```

```
    while (QueueNotEmpty(WaitingQ))      // 在电话等待队列中还有客户在等待服务
    {   Service( );                      // 客户服务人员对客户进行服务
        currentTime++;                   // 增加时间
    }

    Display( );                          // 显示模拟结果
}


/*客户服务人员对当前电话进行服务操作的实现*/
void Service( )
{
    int i;
    for ( i=0;i<numOfServicers;i++)    // 处理每个客服工作人员提供的服务
    {
        if (customerServed[i].currentTimeServiced< customerServed[i].serveTime)
           //未到达客户接受服务所需的时间,正在为客户提供服务
        {customerServed[i].currentTimeServiced++;// 增加客户接受服务时间
        }
        else   // 已到达客户接受服务所需的时间,为下一客户提供服务
        {
            if (QueueNotEmpty(WaitingQ))    //等待队列非空,还有客户在等待服务
            {
                QueueDelete(&WaitingQ,&customerServed[i]);
                  //从等待队列中取出新客户进行服务
                totalWaitingTime+=currentTime - customerServed[i].callinTime;
                  //更新总等待时间
            }
        }
    }
}


/*检查是否有新电话拨入,如果有则将电话加入到等待队列*/
void CheckForNewCall( )
{
    int calls=GetPoissionRand(arrivalRate);// 当前时间打进电话的人数
    int i;
    for ( i=1;i <=calls;i++)
    {
        CustomerType customer;// 客户
```

```
        customer.callinTime=currentTime;// 客户到达时间
        customer.serveTime=GetPoissionRand(aveServiceTime);// 客户接受服务所需时间
        customer.currentTimeServiced=0;// 当前接受服务的时间
        QueueAppend(&WaitingQ,customer);         // 客户进入等待队列
        numOfCalls++;// 处理的电话总数递增
    }
}

/*返回等待队列中等待的电话数*/
int NumOfWaitingCall( )
{
    return QueueLength(WaitingQ);
}

/*显示客户模拟的结果*/
void Display( )
{
    printf("处理的客户总电话数:%d\n",numOfCalls);
    printf("客户的平均等待时间:%f\n",(float)totalWaitingTime/ numOfCalls);
}

/*========第四个文件:Call.cpp===========*/
/*==============================*/
#include "stdio.h"
#include "stdlib.h"
#include "CallSimulation.h"

void main( )
{
    int flag=1;
    while (flag)
    {
        CallSimulation( );
        printf("\n是否继续?(是-1,否-0)\n");
        scanf("%d",&flag);
    }
}
```

【测试数据及结果】

输入客服人员的人数:2
输入时间限制:700
输入每小时电话数:70
输入平均服务时间:1
处理的客户总电话数:792
客户的平均等待时间:52.078283

是否继续?(是-1,否-0)
1

输入客服人员的人数:3
输入时间限制:700
输入每小时电话数:70
输入平均服务时间:1
处理的客户总电话数:780
客户的平均等待时间:1.002564

是否继续?(是-1,否-0)
1

输入客服人员的人数:4
输入时间限制:700
输入每小时电话数:70
输入平均服务时间:1
处理的客户总电话数:802
客户的平均等待时间:0.164589

第三节 上机题目

题目1 停车场管理

【问题描述】

设停车场内只有一个可停放n辆汽车的狭长通道,且只有一个大门可供汽车进出;汽车在停车场内按车辆到达时间的先后顺序,依次由北向南排列(大门在最南端,最先到达的第一辆车停放在车场的最北端),若车场内已停满n辆汽车,则后来的汽车只能在门外的便道上等候,一旦有车开走,则排在便道上的第一辆车即可开入;当停车场内某辆车要离开时,在它之后开入的车辆必须先退出车场为它让路,待该辆车开出大门外,其他车辆再按原次序进入车场,每辆停放在车场的车在它离开停车场时必须按它停留的时间长短交纳费用。试为停车场编制按上述要求进行管理的模拟程序。

【基本要求】

以栈模拟停车场,以队列模拟车场外的便道,按照从终端读入的输入数据序列进行模拟管理。每一组输入数据包括3个数据项;汽车"到达"或"离去"信息、汽车牌照号码及到达或离去的时刻,对每一组输入数据进行操作后的输出数据为:若是车辆到达,则输出汽车在停车场内或便道上的停车位置;若是车辆离去,则输出汽车在停车场内停留的时间和应交纳的费用(在便道上停留的时间不收费)。栈以顺序结构实现,队列以链表结构实现。

【测试数据】

设n=2,输入数据为:('A',1,5),('A',2,10),('D',1,15),('A',3,20),('A',4,25),('A',5,30),('D',2,35),('D',4,40),('E',0,0)。

【实现提示】

需另设一个栈,临时停放为给要离去的汽车让路而从停车场退出来的汽车,也用顺序存储结构实现。输入数据按到达或离去的时间有序。栈中每个元素表示一辆汽车,包含两个数据项:汽车的牌照号码和进入停车场的时刻。

【扩展内容】

(1)两个栈共享空间,思考应开辟数组的空间是多少?

(2)汽车可有不同种类,则它们的占地面积不同,收费标准也不同,如1辆客车和1.5辆小汽车的占地面积相同,1辆十轮卡车占地面积相当于3辆小汽车的占地面积。

(3)汽车可以直接从便道上开走,此时排在它前面的汽车要先开走让路,然后再依次排到队尾。

(4)停放在便道上的汽车也收费,收费标准比停放在停车场的车低,请思考如何修改结构以满足这种要求。

题目2 表达式的后缀表示

【问题描述】

表达式中包含运算对象、运算符和圆括号等,习惯上使用中缀表示(指运算符夹在两运算符对象中间)形式。计算表达式的值,涉及到运算符的优先级别,如先乘除后加减。括在一对圆括号中的子表达式必须先计算,因此,圆括号可视为特殊的运算符,具有最高优先级别。圆括号可以任意嵌套,这意味着左圆括号后面又是表达式,形成表达式的递归定义。为了直接指明表达式中各运算对象的先后计算顺序,可将表达式的中缀形式转换成后缀(指运算符放在二运算对象的后面)形式。例如,表达式 a*b-(c+d)/e,这是通常的中缀形式,其后缀表示是 ab*cd+e/-,其中圆括号在后缀形式中已不见了。设计一转换程序,将输入的任一表达式转换成相应的后缀形式后输出。

【基本要求】

为简单起见,假定运算对象只含变量,且每个变量名以单字母表示;运算符仅含+、-、*、/和圆括号;表达式以分号";"结尾。在转换过程中,要求做必要的语法检查,例如圆括号是否配对、单词是否合法等。

要求分别编写转换程序的非递归与递归算法。

【测试数据】

(1) $3x^2+x-1/x+5$；

(2) $a+b*(c-d)-e/f$。

【实现提示】

(1)表达式的扫描需要编写一个读单词的算法过程 gettoken,该过程跳过单词间的空白符(空格符、制表符、回车符),回送单词的原码串、内部属性码和类型码(指明当前所读单词是变量、常数还是运算符)。

(2)算法的非递归实现要借助于设立运算对象栈和运算符栈,可以采用顺序结构,也可以采用链结构,其工作过程为:①若当前单词是运算对象,将它压入对象栈。②若当前单词是运算符,则要将它和算符栈的栈顶元素进行比较。若所读算符的优先级高,则将它压入算符栈;否则,将对象栈的栈顶元素和算符栈的栈顶元素串接到对象栈的次栈顶(称产生一次目标),并且对象栈及算符栈的栈顶元素相应退栈。③若当前单词是"(",括号计数器增1,且将它压入算符栈;若当前单词是")",括号计数器减1,如括号计数器小于0,则语法错;否则,对算符栈的栈顶元素相继产生目标,直到遇到")"为止,并将"("退栈。④当前单词是结尾符";",检查括号是否配对;对算符栈的栈顶元素相继产生目标,直到算符栈为空;输出表达式的后缀表示。⑤每读入一单词需先作语法的合法性检查。

(3)算法的递归实现基于表达式的语法规则。就上述简单表达式而言,其语法规则如下:

<表达式>::<项>[+<项>][-<项>]

<项>::<因子>[*<因子>][/<因子>]

<因子>::<变量>| (<表达式>)

其中,记号"::"表示定义为;"[…]"表示其中的内容"…"可以不出现或重复多次出现;"|"表示或者。其递归扫描算法需要编制算法过程:

expr	处理表达式开始;
term	处理项;
factor	处理因子;
pexpr	处理括号表达式;
primitive	处理单个运算对象;
arith	遇运算符后产生目标。

递归调用关系表现在 expr=>term=>factor=>primitive=>pexpr=>term。

【扩展内容】

(1)运算符扩充到包含逻辑运算符和关系运算符。

(2)运算对象扩充到一般的变量标识和整型、实型、字符型、布尔型常数。

(3)常数合并。即,如果源表达式中的常数可以合并的话,则其后缀表示的是合并后的结果。

题目3 在国际象棋盘上马的遍历问题

【问题描述】

在一个具有 8×8 个方格的国际象棋盘上,从棋盘的任何一个方格开始,让马按照允许的走步规则(L形走法)走遍所有方格,每个方格至少并且只准走过一次。试设计一个算法实现这个有趣的问题。

【基本要求】

将马随机放在棋盘的某个方格中,根据 Warnsdorff 提出的规则来进行遍历。编制非递归程序,求出马的行走路线,输出所走各步的位置。

【测试数据】

由用户自行指定一个马的起始位置(i,j),$0 \leqslant i,j \leqslant 7$。

【实现提示】

(1)棋盘用 8×8 的二维数组表示。

(2)当马位于位置(i,j)时,可以走到下列 8 个位置之一:

$(i-2,j+1),(i-1,j+2),(i+1,j+2),(i+2,j+1),(i+2,j-1),(i+1,j-2),(i-1,j-2),(i-2,j-1)$

但是,如果(i,j)靠近棋盘的边缘,上述有些位置可能超出棋盘范围,成为不允许的位置。8 个可能位置的位移量可以用两个一维数组 imove[8]和 jmove[8]来存储。

(3)根据 Warnsdorff 提出的规则来设计算法。该规则是在所有可走步的(尚未走过的)方格中,马只能走向这样一个方格:从该方格出发,马可走步的方格数为最少,如果可走步的方格数相等,则从马的当前位置来看,方向序号小的优先。

(4)采用 Warnsdorff 规则在大多数情况下能够实现遍历,但并不能确保成功。

【扩展内容】

(1)按求出的行走路线,将数字$1,2,3,\cdots,64$依次填入一个8×8的方阵,输出之。

(2)在不考虑 Warnsdorff 规则的情况下,求出从某一起点出发的多条以至全部行走路线。

第四章 树和二叉树

树和二叉树是一种具有层次关系的非线性结构(树型结构),其中每个结点只允许有一个直接前驱结点,可以有一个以上直接后继结点(二叉树只允许最多有两个直接后继结点)。在树型结构中以二叉树最为常用。树的操作比较繁琐,但是树可以转换为二叉树进行处理。

在客观世界中许多系统的数据间关系可以用树型结构来描述,例如人类社会的家谱族谱、各种组织机构的表示等。在计算机领域中,编译程序的语法结构、数据库系统中的信息组织、磁盘文件的目录、软件工程中的模块划分也可以采用树型结构描述。

本章的主要知识点包括:树和二叉树的定义、二叉树的实现、二叉树的遍历及应用、哈夫曼树的建立和应用、树与二叉树的转换、树的遍历。

第一节 基本知识

一、树

(1)树是 $n(n \geqslant 0)$ 个结点的有限集合。任意一棵非空树满足:①有且仅有一个特定的称为根的结点;②当 $n>1$ 时,除根结点之外的其余结点被分为 $m(m>0)$ 个互不相交的有限集合 $T_1, T_2, \cdots, T_m$,其中每个集合又是一棵树,并称为这个根结点的子树。

(2)某结点所拥有的子树的个数称为该结点的度;树中各结点度的最大值称为该树的度。度为 0 的结点称为叶子结点;度不为 0 的结点称为分支结点。某结点的子树的根结点称为该结点的孩子结点;反之,该结点称为其孩子结点的双亲结点。规定根结点的层数为 0,对其余任何结点,若某结点在第 k 层,则其孩子结点在第 k+1 层;树中所有结点的最大层数称为树的深度。$m(m \geqslant 0)$ 棵互不相交的树的集合构成森林。任何一棵树,删除根后所剩子树的集合即为森林。

(3)树的表示方法有 3 种常用形式:直观表示法、形式化表示法和凹入表示法。
(4)树的抽象数据类型定义为:
ADT Tree
数据:树的结点集合,每个结点由数据元素和构造数据元素之间关系的指针组成。
操作:设 T 为 Tree 型
  Initiate (T)   //创建空树 T;
  Destroy (T)   //撤销树 T;
  Parent (T,curr)   //寻找树 T 中 curr 结点的双亲结点;

LeftChild (T,curr)　　　/*寻找树 T 中 curr 结点最左孩子结点*/
RightSibing (T,curr)　　/*寻找树 T 中 curr 结点右兄弟结点*/
Traverse (T,Vist( ))　　/*遍历树 T,访问结点函数为 Vist( )*/

(5)树的存储结构有双亲表示法、孩子表示法、双亲孩子表示法和孩子兄弟表示法4种,其中常用的存储结构是孩子兄弟表示法。孩子兄弟表示法的结点结构如图4-1(a)所示。图4-1(b)中的树的孩子兄弟表示法如图4-1(c)所示。

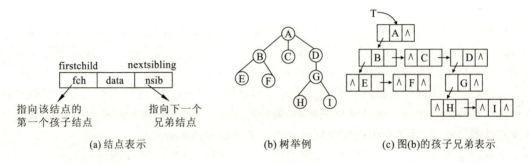

(a) 结点表示　　　　　　(b) 树举例　　　　(c) 图(b)的孩子兄弟表示

图4-1　孩子兄弟表示法

孩子兄弟表示法中结点的类型定义如下：
typedef struct Node
{　　DataType　data；
　　struct Node　*fch；
　　struct Node　*nsib；
} TreeBiNode；

(6)树的遍历是指从根结点出发,按照某种次序访问树中所有结点,使得每个结点被访问一次且仅被访问一次。通常有先根遍历、后根遍历两种方式。

二、二叉树

(1)二叉树是 n(n≥0)个结点的有限集合,该集合或者为空集(称为空二叉树),或者由一个根结点和两棵互不相交的、分别称为根结点的左子树和右子树的二叉树组成。

(2)二叉树的抽象数据类型定义为：

ADT BinaryTree

数据：二叉树的结点集合,每个结点由数据元素和构造数据元素之间关系的指针组成。

操作：设 T 为 BinaryTree 型,
　　Initiate(T) //创建空二叉树 T；
　　DestroyTree(T) //撤销二叉树 T；
　　InsertLeftNode(curr,x)　/*若当前结点 curr 非空,在 curr 左子树插入元素值为 x 的新结点,原 curr 所指结点的左子树成为新插入结点的左子树。*/
　　InsertRightNode(curr,x)　/*若当前结点 curr 非空,在 curr 右子树插入元素值为 x 的新结点,原 curr 所指结点的右子树成为新插入结点的右

子树。*/
  DeleteLeftTree(curr) /*若当前结点 curr 非空,删除 curr 所指结点的左子树。*/
  DeleteRightTree(curr) /*若当前结点 curr 非空,删除 curr 所指结点的右子树。*/
  Traverse(T,Visit( )) /*若二叉树 T 非空,调用 Visit( )函数访问 T 中的每一个结点。*/

(3)二叉树具有下列性质:① 二叉树的第 i 层上最多有 2^i 个结点($i \geq 0$)。② 一棵深度为 k 的二叉树最多有 $2^{k+1}-1$ 个结点,最少有 k+1 个结点。③ 在一棵非空二叉树中,如果叶子结点的个数为 n_0,度为2的结点个数为 n_2,则 $n_0 = n_2 + 1$。

(4)完全二叉树具有下列性质:① 具有 n 个结点的完全二叉树的深度为 $\lceil \log_2(n+1) \rceil - 1$。② 对一棵具有 n 个结点的完全二叉树中的结点从0开始按层序编号,则对于任意的编号为 i($0 \leq i \leq n-1$)的结点(简称为结点 i)有:

如果 i=0,结点 i 是根,无双亲;

如果 i>0,则结点 i 的双亲的编号为 $\lfloor (i-1)/2 \rfloor$;如果 $2i+1 \leq n$,则结点 i 的左孩子编号为 2i+1,否则结点 i 无左孩子;

如果 $2i+2 \leq n$,则结点 i 的右孩子的编号为 2i+2,否则结点 i 无右孩子。

(5)二叉树的存储结构有顺序存储、二叉链表、三叉链表、线索链表等。其中,顺序存储结构一般仅适合于存储完全二叉树,二叉链表是二叉树最常用的存储结构。二叉链表的结点结构如图4-2(a)所示,图4-2(b)中二叉树的二叉链表表示如图4-2(c)所示。

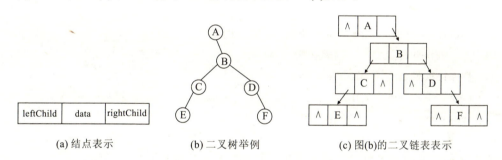

(a) 结点表示 (b) 二叉树举例 (c) 图(b)的二叉链表表示

图4-2 二叉链表表示法

二叉链表表示中结点类型定义如下:

```
typedef struct Node
{   DataType data;
    struct Node *leftChild;
    struct Node *rightChild;
} BiTreeNode;
```

【初始化二叉树(带头结点)】

```
void Initiate(BiTreeNode **root)
{   *root=(BiTreeNode *)malloc(sizeof(BiTreeNode));
    (*root)->leftChild=NULL;
    (*root)->rightChild=NULL;
}
```

【左插入结点】

BiTreeNode *InsertLeftNode(BiTreeNode *curr,DataType x)

/*在 curr 结点的左子树插入结点 x*/

{

  BiTreeNode *s,*t；　　//s:新生成结点指针

  if (curr ==NULL) return NULL；　　//插入失败

  t=curr ->leftChild；　　//原左子树

  s=(BiTreeNode *)malloc(sizeof(BiTreeNode));

  s ->data=x；

  s ->leftChild=t；

  s ->rightChild=NULL；

  curr ->leftChild=s；　　//新左子树

  return curr ->leftChild；　　//插入成功

}

【删除左子树】

BiTreeNode *DeleteLeftTree(BiTreeNode *curr)

/*删除 curr 结点的左子树,这是二叉树后序遍历的应用*/

{

  if(curr ==NULL‖curr ->leftChild ==NULL)

    return NULL；　　//删除失败

  Destroy(&curr ->leftChild);

  curr ->leftChild=NULL；

  return curr；　　//删除成功

}

(6)二叉树的遍历方式通常有前序遍历、中序遍历、后序遍历和层序遍历。

【前序遍历二叉树】

void PreOrder(BiTreeNode *t,void Visit(DataType item))/*为了通用性,把访问操作设计成二叉树遍历函数的一个函数虚参 Visit( ) */

  {　if (t !=NULL)

    {　Visit(t ->data)；

     PreOrder(t ->leftChild,Visit)；

     PreOrder(t ->rightChild,Visit)；　　}

}

【中序遍历二叉树】

void InOrder(BiTreeNode *t,void Visit(DataType item))

  {　if (t !=NULL)

    {　InOrder(t ->leftChild,Vist)；

     Visit(t ->data)；

     InOrder(t ->rightChild,Vist)；　　}

【后序遍历二叉树】
```
void PostOrder (BiTreeNode *t,void Visit (DataType item))
{   if (t !=NULL)
    {   PostOrder (t ->leftChild,Vist);
        PostOrder (t ->rightChild,Vist);
        Visit (t ->data);           }
}
```
【层序遍历二叉树】
```
typedef  BiTreeNode *QueueDataType;
#include <SeqCQueue.h>//包含顺序循环队列头文件
void LevelOrder (BiTreeNode *t,   void Visit (DataType item))
{   SeqCQueue Q;QueueDataType x;
    if (t==NULL) return;
    QueueInitiate (&Q);
    QueueAppend (&Q,t);
    while (QueueNotEmpty (Q) )
    {   QueueDelete(&Q,&x);
        Visit (x ->data);
        if (x ->leftChild!=NULL)
            QueueAppend (&Q,x ->leftChild);
        if(x ->rightChild!=NULL)
            QueueAppend (&Q,x ->rightChild);    }
}
```

(7)已知一棵二叉树的前序序列和中序序列,或者中序序列和后序序列,可以唯一确定这棵二叉树。但是已知二叉树的前序序列和后序序列,不能唯一确定一棵二叉树。

(8)树和二叉树之间具有一一对应的关系,可以相互转换。任何树都唯一地对应到一棵二叉树;反过来,任何一棵二叉树也都唯一地对应到一个树。树所对应的二叉树里,一个结点的左子结点是它在原来树里的第一个孩子结点,右孩子结点是它在原来的树里的下一个兄弟。

(9)哈夫曼树是带权路径长度最小的二叉树,对给定的 n 个权值构造的哈夫曼树中,有 n 个叶子结点,n-1个分支结点。

(10)采用哈夫曼树构造的编码是一种能使字符串的编码总长度最短的不等长编码。

第二节 上机实习示例:高校社团管理

【题目要求】
在高校中,为了丰富学生的课间生活,培养大家的各种兴趣爱好,在学校的帮助下,会成立各

式各样的社团,少则几个,多则几十个。为了有效管理这些社团,要求编写程序实现以下功能:

(1)社团招收新成员。
(2)查询社团或会员信息。
(3)修改社团或会员信息。
(4)增加社团或撤销社团。
(5)增加会员或删除会员。
(6)显示社团的组织结构。

其中,社团信息包括社团名称、社团成立日期、联系电话;会员信息包括会员姓名、会员出生日期、联系电话、会员职务。

【设计思想】

(1)社团管理组织主要由社团管理部门、社团管理部门成员、各个社团和会员组成,如图4-3所示。由于有些会员可能同时参加不同的社团,存在一对多的关系,因此可以采用树来处理社团管理组织,在树中可以将各个社团和各个会员分别看做树中独立的结点。但是由于树只能表达一对多关系,多对多的关系必须转换为多个一对多关系,因此如果某个会员同时参加了不同的社团,则不同的社团分别对应一个重复的会员结点,如图4-3中的"李四"。

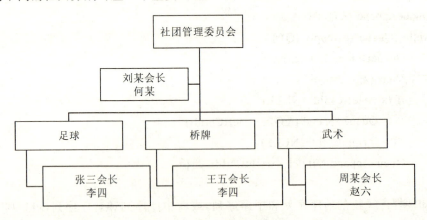

图4-3 社团管理的组织结构图示

(2)二叉树结点类型主要分为社团结点类型和会员结点类型。虽然这两种结点类型是不同的,但是社团和会员具有相似的信息(例如社团名称和会员名称),因此可以使用同一个数据类型来表示树中的结点,只需要设置一个标志域 type 用于区分社团结点和会员结点类型。

```
typedef struct Info{
    int type;              /*类型,0为社团,1为会员*/
    char name[20];         /*社团名称或者会员姓名*/
    char date[11];         /*成立日期或者出生日期*/
    char phone[11];        /*联系电话*/
    char duty[10];         /*职务*/
}DataType;
```

(3)社团结点和会员结点被处理成了相同的类型,此外,社团结点的父结点都是"社团管理委员会",因此可以把"社团管理委员会"作为根结点,"社团管理委员会"的会员和旗下的社可以作为在"社团管理委员会"结点的子结点。关于社团成员的身份,如果是会长或者副会长,则不能是会员。

(4)由于树的结构比较复杂,不利于求解,可以先把树转化成二叉树,再分析问题就方便多了。采用树的孩子兄弟表示法,高校社团的管理就转化为对二叉树操作。

(5)经过分析功能实现的要求,可以知道,不论是查询社团或会员信息,还是修改社团或会员信息,这些功能的实现都需事先知道结点的类型和结点名称,因此,根据类型和名称查找结点的操作 FindName( )不可少。

修改/删除树中结点的信息需要知道其父结点的位置,从而方便指针的移动,因此查找父结点指针的函数 FindParent( )也是必不可少的。

(6)由于此例中的二叉树类似单支二叉树,若采用顺序存储结构,则比较浪费存储空间,且给插入、删除结点的操作带来不便,因此这里选用二叉链表作为存储结构。使用二叉链表存储结构,通过查找结点的位置和父结点的位置,可以很简单地实现结点的插入、删除和修改操作,这些操作只需要移动指针位置即可。

```
typedef struct Node{
    DataType data;                    /*数据域*/
    struct Node *left;                /*左孩子指针域*/
    struct Node *right;               /*右兄弟指针域*/
}BTNode,*PBTNode,*BiTreeLink;
```

(7)由于一个会员可以参加多个社团,因此树型结构中的会员结点可能有冗余重复的结点。当修改/删除会员信息时,可能要修改/删除多个冗余的会员结点信息。

【算法实现】

```
# include <stdio.h>
# include <string.h>
# include <malloc.h>
# include <stdlib.h>

typedef struct Info{
    int type;                         /*类型,0为社团,1为会员*/
    char name[20];                    /*社团名称或者会员姓名*/
    char date[11];                    /*成立日期或者出生日期*/
    char phone[12];                   /*联系电话*/
    char duty[10];                    /*职务*/
}DataType;

typedef struct Node{
    DataType data;                    /*数据域*/
    struct Node *left;                /*左孩子指针域*/
    struct Node *right;               /*右兄弟指针域*/
}BTNode,*PBTNode,*BiTreeLink;
```

// (1)根据类型和名称查找结点
```
DataType LastLeague;
DataType LastNode;
int count=0;
PBTNode FindName(BiTreeLink r, DataType x) {
    PBTNode p;
    if(r==NULL)
        return NULL;
    if(!strcmp(r->data.name, x.name) && r->data.type==x.type)
        return r;                                       /*找到则返回该结点*/
    p=FindName(r->left,x);                              /*在左子树上继续查找*/
    if (p) return p;
    else returnFindName(r->right,x);                    /*在右子树上继续查找*/
}
```

// (2)查找会员所在的社团结点。如果一个会员参加了多个社团,则返回 x 社团结点。
```
PBTNode FindParent(BiTreeLink r, DataType x) {
    PBTNode p;
    if(r==NULL)
        return NULL;
    if((r->right!=NULL)&&(!strcmp(r->right->data.name, x.name) &&
        (r->right->data.type==x.type)))
        return r;                                       /*找到则返回该结点*/
    if((r->left!=NULL)&&(!strcmp(r->left->data.name, x.name) &&
        r->left->data.type==x.type))
        return r;                                       /*找到则返回该结点*/
    p=FindParent(r->left,x);                            /*在左子树上继续查找*/
    if (p) return p;
    else returnFindParent(r->right,x);                  /*在右子树上继续查找*/
}
```

// (3)查询并显示社团或会员信息
```
void DispNode(BiTreeLink r,DataType x) {
    PBTNode p,q;
    p=FindName(r,x);
    if(p==NULL)
    { if(0==x.type)
        printf("不存在此社团\n");
      else if(1==x.type)
```

```
            printf("不存在此会员的信息\n");
        return;
    }
    printf("\n\n------Information-------------\n");
    if(p->data.type==0)
            printf("*\tType:社团\t*\n");
    else if(p->data.type==1)
            printf("*\tType:会员\t*\n");
    printf("*\tName:%s\t*\n*\tPhone:%s\t*\n",p->data.name,p->data.phone);
    if(0==x.type)    //如果是社团的话显示出所有的会员信息
    {
        q=p->left;
        if(NULL==q)
            return;
        if(q->data.type==0)
            printf("*\tType:社团\t*\n");
        else if(q->data.type==1)
            printf("*\tType:会员\t*\n");
        printf("*\tName:%s\t*\n*\tPhone:%s\t*\n",q->data.name,q->data.phone);
        while(NULL!=q->right)
        {
            q=q->right;
            if(q->data.type==0)
                printf("*\tType:社团\t*\n");
            else if(q->data.type==1)
                printf("*\tType:会员\t*\n");
            printf("*\tName:%s\t*\n*\tPhone:%s\t*\n",q->data.name,q->data.phone);
        }
    }
    else if(1==x.type) /*如果是会员的话则显示其所在的社团,如果一个会员参加了多个社
                        团,则显示参加的所有社团*/
    {
        q=FindParent(r,x);
        if(NULL==q)    return;
        while(0!=q->data.type)
        {
            q=FindParent(r,q->data);
        }
        if(NULL==q)    return;
```

```c
        if(q->data.type==0)
            printf("*\tType:社团\t*\n");
        else if(q->data.type==1)
            printf("*\tType:会员\t*\n");
        printf("*\tName:%s\t*\n*\tPhone:%s\t*\n",q->data.name,q->data.phone);
        //处理特殊情况
        do
        {   q=FindParent(q->right,x);
            if(NULL==q)      return;
            while(0!=q->data.type)
            {   q=FindParent(r,q->data);
            }
            if(NULL==q)      return;
            if(q->data.type==0)    printf("*\tType:社团\t*\n");
            else if(q->data.type==1)
                printf("*\tType:会员\t*\n");
            printf("*\tName:%s\t*\n*\tPhone:%s\t*\n",q->data.name,q->data.phone);
        }while(1);
    }
    printf("\n---------------------------\n");
}

/*(4)增加社团(提示:在指定社团的后面增加新的社团,即指定社团的右兄弟为新加的社
团)*/
PBTNode InsertRight(PBTNode r,DataType x) {
    PBTNode p;
    if (!r) return NULL;
    p=(PBTNode)malloc(sizeof(BTNode));
    p->data=x;
    p->left=NULL;    //新社团的会员为空
    p->right=r->right;
    r->right=p;
    return p;
}

void InsertSheTuan(BiTreeLink r,DataType x,DataType y) {
    PBTNode p;
    p=FindName(r,x);
    if(p==NULL) {
```

```
            printf("插入位置不正确!");
            return;
        }
        InsertRight(p,y);
    }

/*(5)增加会员(提示:增加会员就是在指定的社团下面插入左孩子,如果社团已经有会员
了,即它已经有左孩子了,则把会员作为左孩子的右兄弟插入)*/
    PBTNode InsertLeft(PBTNode r,DataType x) {
        PBTNode p;
        if (!r) return NULL;
        if (r ->left==NULL) {
            p=(PBTNode)malloc(sizeof(BTNode));
            p ->data=x;
            p ->left=NULL;
            p ->right=NULL;
            r ->left=p;
        }
        else p=InsertRight(r ->left,x);
        return p;
    }


    void InsertHuiYuan(BiTreeLink r,DataType x,DataType y)
    {   PBTNode p;
        p=FindName(r,x);
        if(p==NULL) {
            printf("插入位置不正确!");
            return;
        }
        InsertLeft(p,y);     //左边插入
    }


//(6)初始化树,使用的是左孩子右兄弟表示法
    voidInitBiTree(BiTreeLink *root)
    {    DataType items[]={{0,"武术","2007-05-18","67884601"," "},
                           {0,"足球","2007-08-09","67884602"," "},
                           {0,"桥牌","2008-01-12","67884603"," "},
                           {1,"张三","1990-11-11","15377090576","会长"},
                           {1,"李四","1989-07-23","13971090926","会员"},
```

{1,"王五","1988-04-30","15927454559","会长"},
{-1,"社团管理委员会","2007-05-01","67884600"," "},
{2,"刘某","1989-03-21","67886530","会长"},
{2,"何某","1988-07-15","67886673","会员"},
{1,"周某","1988-02-26","67886782","会长"},
{1,"赵六","1990-11-30","67886960","会员"}};

*root=(PBTNode)malloc(sizeof(BTNode));
(*root)->left=NULL;
(*root)->right=NULL;
(*root)->data=items[6];

InsertHuiYuan(*root,items[6],items[7]);
InsertHuiYuan(*root,items[7],items[8]);
InsertHuiYuan(*root,items[8],items[1]);
InsertHuiYuan(*root,items[1],items[3]);
InsertSheTuan(*root,items[1],items[2]);
InsertSheTuan(*root,items[3],items[4]);
InsertHuiYuan(*root,items[2],items[5]);
InsertHuiYuan(*root,items[2],items[4]);
InsertSheTuan(*root,items[2],items[0]);
InsertHuiYuan(*root,items[0],items[9]);
InsertHuiYuan(*root,items[0],items[10]);

LastLeague = items[0];   //存储插入的最后一个社团名称
LastNode = items[10];   //存储插入的最后一个会员
}

// (7)打印二叉树
// 计算二叉树中结点的数目
void GetNodeNum(BiTreeLink root, int n)
{
    if(root ==NULL) return;
    GetNodeNum(root ->right, n+1);
    count++ ;
    GetNodeNum(root ->left,n+1);
}

// 以层序的形式输出
void DisplayTree(BiTreeLink root)

```
{   int count1=0;
    BiTreeLink p=root;
    BiTreeLink q=root->left;
    BiTreeLink h,h1;
    if(root==NULL)
        return;

int num=0,i=0;
    while(p!=NULL)
    {   if(p->data.type==-1)
            printf("              ");
        else if(p->data.type==2)
            printf("              ");
            if(0==strcmp(p->data.duty,"会长"))
            {   printf("- -%s    %s",p->data.name,p->data.duty);
                count1++ ;
            }
            else if(0==strcmp(p->data.duty,"副会长"))
            {   printf("- -%s    %s",p->data.name,p->data.duty);
                count1++ ;
            }
            else
            {   printf("- -%s",p->data.name);
                count1++ ;
            }
            if(p->data.type==2)
            {   printf("\t\t");
                p=p->left;
                printf("\n");
            }
            else if(p->data.type==0)
            {   printf("\t\t");
                p=p->right;
                num++ ;//第一层的个数
            }
            else
            {   p=p->left;
                printf("\n");
            }
```

```
            }
        printf("\n");
        while(0!=q->data.type)
              q=q->left;
        h=q;
        h1=NULL;
        p=q->left;
        do
        {   if(q!=NULL)
            {   if(p!=NULL&&(p!=h1))
                {   if(0==strcmp(p->data.duty,"会长"))
                    {   printf("---%s   %s",p->data.name,p->data.duty);
                        printf("\t");
                        count1++ ;
                    }
                    else if(0==strcmp(p->data.duty,"副会长"))
                    {   printf("---%s   %s",p->data.name,p->data.duty);
                        printf("\t");
                        count1++ ;
                    }
                    else
                    {   printf("---%s\t\t",p->data.name);
                        count1++ ;
                    }
                    if(count1==count)
                        break;//最后一个合唱团没有成员
                }
                else if((p==h1)&&(0==strcmp(q->data.name,LastLeague.name)))
                    break;
                else
                    printf("\t\t");
                h1=p;
                q=q->right;
                if(q!=NULL)
                {   if(i==0)
                        p=q->left;
                    else
                    {   if(q->left!=NULL)
                        {   p=q->left->right;
```

```
                    }
                    for(int j=1;j<i;j++)
                        if(p!=NULL)
                            p=p ->right;
                }
            }
        }
        else
        {   q=h;
            p=q ->left ->right;
            for(int j=0;j<i;j++)    p=p ->right;
            i++ ;
            printf("\n");
        }
    }while(1);
}
```

// (8)接收数据,从键盘上接收用户输入的数据
```
void Receive(char prn[],char data[]) {
    printf(prn);
    gets(data);
}
```

// (9)主函数
```
int main(int argc,char *argv[]) {
    BiTreeLink root,parent,temp,parent1;
    PBTNode node,node1;
    DataType x,y;
    char judge;
    int choice=0,n=0;
    InitBiTree(&root);
    do {
        printf("********************************\n");
        printf("*             menu             *\n");
        printf("--------------------------------\n");
        printf("*       1.增加社团            *\n");
        printf("*       2.增加会员            *\n");
        printf("*       3.修改社团信息        *\n");
        printf("*       4.修改会员信息        *\n");
```

```
printf("*        5.撤销社团         *\n");
printf("*        6.删除会员         *\n");
printf("*        7.查询社团信息      *\n");
printf("*        8.查询会员信息      *\n");
printf("*        9.显示所有信息      *\n");
printf("*        0.退出             *\n");
printf("***********************************\n");
printf("\n请选择 (1,2,3,4,5,6,7,8,9,0):");
scanf("%d",&choice);
getchar( );
if(choice<0||choice>9) continue;
switch(choice) {
case 1://1.增加社团
    //1.1  修改功能为新增社团顺序插入在所有社团的后面(无需再输入某个社团)
    //1.2  修改为批量增加社团,直到输入# 结束增加社团。
    printf("输入# 结束增加社团\n");
    do
    {   Receive("\n请输入社团名称:",x.name);
        if(0==strcmp((x.name),"# "))   break;
        x.type=0;
        Receive("\n请输入社团联系电话:",x.phone);
        InsertSheTuan(root,LastLeague,x);
        LastLeague=x;//新增加的社团为最后的社团结点
    }while(1);
    break;
case 2:  //2.增加会员
    /*2.1  修改为某个社团批量增加会员(需要增加出生日期、联系电话、职务的输入),直到输入# 结束社团名称和会员姓名*/
    printf("输入# 结束增加会员\n");
    Receive("\n请输入社团名称:",x.name);
    x.type=0;
    do
    {   Receive("\n请输入会员名称:",y.name);
        if(0==strcmp((y.name),"# "))   break;
        y.type=1;
        Receive("\n请输入出生日期:",y.date);
        Receive("\n请输入联系电话:",y.phone);
        Receive("\n请输入职务:",y.duty);
```

```
                InsertHuiYuan(root,x,y);
            }while(1);
            break;
        case 3://3.修改社团信息
            printf("输入需要修改信息的社团名称\n");
                Receive("\n请输入社团名称:",x.name);
            x.type=0;
            PBTNode p;
            p=FindName(root,x);
            if(p==NULL)  printf("不存在此社团!");
            printf("\n是否修改社团名称:Y/N:");
            scanf("%c",&judge);
            if('Y'==judge)
            {    printf("请输入社团的新名称:");
                scanf("%s",p->data.name);
            }
            judge='N';
            printf("\n是否修改社团创建日期:Y/N:");
            getchar( );
            scanf("%c",&judge);
            if('Y'==judge)
            {    printf("请输入社团创建日期:");
                scanf("%s",p->data.date);
            }
            judge='N';
            printf("\n是否修改社团联系电话:Y/N:");
            getchar( );
            scanf("%c",&judge);
            if('Y'==judge)
            {    printf("请输入社团联系电话:");
                scanf("%s",p->data.phone);
            }
            if(strcmp(LastLeague.name,x.name)==0)//如果是最后一个社团
                LastLeague=p->data;
            break;
        case 4://4.修改会员信息
            printf("输入需要修改的会员名称\n");
                Receive("\n请输入会员名称:",x.name);
            x.type=1;
```

```
p=FindName(root,x);
if(p==NULL) printf("输入的名称不正确!");
printf("\n是否修改会员名称:Y/N:");
scanf("%c",&judge);
if('Y'==judge)
{    printf("请输入会员的新名称:");
     scanf("%s",p->data.name);
}
printf("\n是否修改会员出生日期:Y/N:");
getchar( );
scanf("%c",&judge);
if('Y'==judge)
{    printf("请输入会员的出生日期:");
     scanf("%s",p->data.date);
}
printf("\n是否修改会员联系电话:Y/N:");
getchar( );
scanf("%c",&judge);
if('Y'==judge)
{    printf("请输入会员的联系电话:");
     scanf("%s",p->data.phone);
}
printf("\n是否修改会员职务:Y/N:");
getchar( );
scanf("%c",&judge);
if('Y'==judge)
{    printf("请输入会员的职务:");
     scanf("%s",p->data.duty);
}
if(strcmp(LastNode.name,x.name)==0)//如果是最后一个社团
    LastNode=p->data;
//如果此会员在多个社团,则修改所有相同的成员信息
do
{    node=FindName(root,x);
     if(NULL!=node)
     {    strcpy(node->data.date,p->data.date);
          strcpy(node->data.name,p->data.name);
          strcpy(node->data.phone,p->data.phone);
          strcpy(node->data.duty,p->data.duty);
```

```
            }
            else
                break;
        }while(1);
        break;
    case 5://5.撤销社团,删除一个结点,删除一个社团及社团中的所有成员
            Receive("\n 输入需要删除的社团名称:",x.name);
        x.type =0;
        //找到第一个社团的节点
        temp=root ->left;
        parent1=temp;
        while(temp ->data.type!=0)
        {    parent1=temp;
            if(NULL==temp ->right)
                temp=temp ->left;
            else
                temp=temp ->right;
        };
        if((!strcmp(temp ->data.name,x.name))&&(temp ->data.type==x.type))
        {//第一个社团结点
            parent1->left= temp ->right;
        }
        else //处理其他的特殊
        {    parent=FindParent(root ->left,x);
            if(NULL!=parent)
            {    if(0==strcmp(parent ->right ->data.name,LastLeague.name))
                {    LastLeague=parent ->data;
                    parent1=parent ->left;
                    while(NULL!=parent1->right)parent1=parent1->right;
                    LastNode=parent1->data;
                }
                parent ->right=FindName(root,x)->right;
            }
            else
                printf("此社团不存在\n");
        }
        break;
    case 6://删除某个社团中的某个会员
        Receive("\n 输入需要删除的会员所在的社团:",x.name);
```

```
                x.type =0;
                node=FindName(root,x);
                    Receive("\n 输入需要删除的会员名称:",y.name);
                y.type =1;
                node1=FindName(root,y);
                if ((!strcmp(node -> left -> data.name,y.name))&&(node -> left -> data.type==y.
                   type))
                {//第一个节点
                    node -> left= node -> left -> right;
                }
                else //处理其他的特殊
                {    parent=FindParent(node,y);
                    if(NULL!=parent)    parent -> right=node1-> right;
                    else
                        printf("不存在此会员\n");
                }
                break;
        case 7: //7.查询社团信息
                Receive("\n 请输入社团名字:",x.name);
                x.type=0;
                DispNode(root,x);
                break;
        case 8: //8.查询会员信息
                Receive("\n 请输入会员名字:",x.name);
                x.type=1;
                DispNode(root,x);
                break;
        case 9: //9.显示所有信息
                GetNodeNum (root,n);
                DisplayTree(root);
                printf("\n\n");
                break;
        case 0: //退出
                exit(0);
                break;
        }
    } while(1);
    return 0;
}
```

【测试数据及结果】

(1)首先根据初始数据生成二叉树,并以树的形式输出,初始化的数据即为图4-3中的社团组织结构图,其初始化输出的结果为:

```
              ---社团管理委员会
                  ---刘某   会长
                  ---何某
---足球            ---桥牌           ---武术
---张三   会长    ---王五   会长   ---周某   会长
---李四            ---李四           ---赵六
```

(2)查找"武术"社团的信息:

```
------ Information -------------
*         Type:社团              *
*         Name:武术              *
*         Phone:67884601         *
*         Type:会员              *
*         Name:周某              *
*         Phone:67886782         *
*         Type:会员              *
*         Name:赵六              *
*         Phone:67886960         *
```

(3)查找会员"李四"的信息:

```
------ Information -------------
*         Type:会员              *
*         Name:李四              *
*         Phone:13971090926      *
*         Type:社团              *
*         Name:足球              *
*         Phone:67884602         *
*         Type:社团              *
*         Name:桥牌              *
*         Phone:67884603         *
```

(4)插入"合唱团"的结果;

```
              ---社团管理委员会
                  ---刘某   会长
                  ---何某
---足球         ---桥牌         ---武术         ---合唱团
---张三  会长  ---王五  会长  ---周某  会长
---李四         ---李四         ---赵六
```

(5)在"合唱团"中插入会员"石某"的结果:

```
            ---社团管理委员会
                ---刘某  会长
                ---何某
---足球         ---桥牌        ---武术         ---合唱团
---张三 会长   ---王五 会长   ---周某 会长   ---石某 会长
---李四        ---李四                        ---赵六
```

(6)删除"桥牌"会员"李四"的结果：

```
            ---社团管理委员会
                ---刘某  会长
                ---何某
---足球         ---桥牌        ---武术         ---合唱团
---张三 会长   ---王五 会长   ---周某 会长   ---石某 会长
---李四                        ---赵六
```

(7)修改武术社团信息：

```
------Information--------------
*       Type:社团              *
*       Name:散打              *
*       Phone:67886709         *
*       Type:会员              *
*       Name:周某              *
*       Phone:67886782         *
*       Type:会员              *
*       Name:赵六              *
*       Phone:67886960         *
```

(8)修改会员"李四"的信息：

```
------Information--------------
*       Type:会员              *
*       Name:李杨              *
*       Phone:13323094502      *
*       Type:社团              *
*       Name:足球              *
*       Phone:67884602         *
*       Type:社团              *
*       Name:桥牌              *
*       Phone:67884603         *
```

(9)删除"散打"社团：

```
            ---社团管理委员会
                ---刘某  会长
                ---何某
```

- - -足球　　　- - -桥牌　　　- - -合唱团
- - -张三　会长　- - -王五　会长　- - -石某　会长
- - -李四

第三节　上机题目

题目1　模拟 Windows 资源管理器

【问题描述】

Windows 资源管理器是用来管理计算机资源的窗口,电脑里所有的文件都可以在资源管理器里找到,可以在资源管理器里查看文件夹的分层结构,可以利用资源管理器快速进行文件和文件夹的操作。利用数据结构和高级计算机语言课程上所学的知识实现模拟 Windows 资源管理器的功能(不需要实现 Windows 资源管理器的界面)。

【基本要求】

构造的 Windows 资源管理器应该能够提供用户实现以下操作:

(1)构建一个空的资源管理器。

(2)新建一个磁盘。

(3)删除一个磁盘。

(4)在当前目录下新建某个文件或文件夹。

(5)在当前目录下删除某个文件或文件夹。

(6)读取当前对象的信息。

(7)输出当前目录下的文件以及文件夹信息。

(8)统计当前目录下的文件夹数目和文件数目。

(9)返回当前目录的上一级目录。

(10)查找目录、文件或磁盘。

(11)撤销一个资源管理器。

【实现提示】

Windows 资源管理器的管理对象分为磁盘、目录和文件。

磁盘的信息:磁盘名称、磁盘大小、磁盘可用空间;

目录的信息:目录名称、修改日期、目录大小、对象数;

文件的信息:文件名称、文件类型、创建时间、文件大小。

磁盘、目录和文件中具有一些相同的信息,因此可以使用一种包含名称、创建时间、可用空间、大小、类型、对象数、标志符(判断该对象是磁盘、文件或者是目录)的数据类型来描述磁盘、目录和文件。

根据 Windows 资源管理器的特点,使用树型结构表示是最为直接的。可以将 Windows 资源管理器构成的多叉树转换为二叉树进行处理。在实现这些要求的基本操作中通常会涉及到二叉树中结点的变动,因此可以设置指向父结点的指针,这样可以方便实现。

题目2 族谱管理系统

【问题描述】

族谱是记载同一姓氏血缘关系的世系、重要人物、个人事迹、家族历史为主要内容的谱籍,族谱的科学管理可以实现我国人口管理工作流程的系统化、规范化和自动化,有助于人口的及时普查,可以提高工作效率。使用计算机对族谱人员的各类信息进行管理,具有手工管理所无法比拟的优点。例如:检索迅速、查询方便、效率高、可靠性好、存储量大、保密性好、寿命长、成本低等。

【基本要求】

(1)输入文件以存放最初族谱中各成员的信息。成员的信息中均应包含以下内容:姓名、出生日期、婚否、地址、健在否、死亡日期(若其已死亡),也可附加其他信息,但不是必需的。

(2)使用树结构来实现族谱管理系统。

(3)实现通过文件读取和存储数据。

(4)显示第n代所有人的信息。

(5)按照姓名查询,输出成员信息(包括其本人、父亲、孩子的信息)。

(6)按照出生日期查询成员名单。

(7)输入两人姓名,确定其关系。

(8)某成员添加孩子。

(9)删除某成员(若其还有后代,则一并删除)。

(10)修改某成员信息。

(11)按出生日期对族谱中所有人排序。

【实现提示】

在族谱中,家族成员是最基本的组成部分,在家族管理中,已经不能再进行细分了,所以可以选定家族成员作为数据的基本类型。在选择数据结构方面,从直观来说,家庭成员之间的关系选择树型结构通过链表来连接数据、存储族谱信息是最直接的。关于关键字的确定可以通过对家族成员的编号实现。

对家族成员构成的树的管理可以通过将家族树转换为二叉树表示,这样一来对族谱信息的添加、删除、修改等操作可以转换为对相应二叉树的同等操作。基于树存储结构的特殊性,可以使用递归形式来实现。

确定两人关系时,应充分利用辈分信息和指向父结点的指针。若辈分相同,则由父指针往上追溯,可知两人是亲兄弟还是堂兄弟;若辈分不等,则从辈分较小的一方往上追溯到较大的辈分数,如果追溯过程中出现辈分较大的一方,则说明辈分较大者是辈分较小者的直系长辈,反之则不是。

题目3 唯一的一棵二叉树的确定

【问题描述】

如果给出了遍历二叉树的前序序列和中序序列,则可以构造出唯一的一棵二叉树。试编写实现上述功能的程序。

【基本要求】

已知一棵二叉树的前序和中序序列,试设计完成下列任务的一个算法:

(1)构造一棵二叉树。

(2)证明构造正确(即分别以前序和中序遍历该树,将得到的结果与给出的序列进行比较)。

(3)对该二叉树进行后序遍历,输出后序遍历序列。

(4)用凹入法输出该二叉树。

题目4　树的遍历

【问题描述】

(1)一棵有 n 个结点的有根树,结点从 1 到 n 标号,不同的点标号不同。对于每一个结点,求在它的子孙结点中,有多少个结点的标号比它的标号小。

(2)已知一棵树上的边的长度,那么有多少对结点的距离小于等于 K,可自定义 K 值及构建自己的树。

【扩展内容】

一棵有 n 个结点的树,以及定义在边上的权值 w,选出一个最多有 p 个结点的集合 S。定义 d[i]=min{dis[i,j],j 是 S 中的结点},要求这样的 S,使得给定 d[1]+d[2]+⋯+d[n]最小。

第五章 图

图是一种非线性数据结构，数据元素之间是多对多的关系，即图中的结点可以有多个直接前驱结点和直接后继结点。图有很多重要应用，例如电路网络分析、交通运输管理、线路的铺设、印刷电路板与集成电路的布线、工作的分配、工程进度的安排、课程表的制订、关系数据库的设计等。

本章主要知识点：图的基本概念、图的存储结构、图的实现、图的遍历、最小生成树、最短路径、拓扑排序和关键路径。

第一节 基本知识

一、图的定义及基本术语

(1)图 G 是由顶点的有穷非空集合 V 和顶点之间边的集合 E 组成。如果图的任意两个顶点之间的边都是无向边，则称该图为无向图，否则称有向图。

(2)在无向图中，对于任意顶点 v_i 和 v_j，若存在边(v_i,v_j)，则称顶点 v_i 和 v_j 互为邻接点。在有向图中，对于任意顶点 v_i 和 v_j，若存在弧$<v_i,v_j>$，则称 v_i 为弧尾，v_j 为弧头，顶点 v_j 是 v_i 的邻接点。

(3)含有 n 个顶点的无向完全图共有 n(n-1)/2 条边；含有 n 个顶点的有向完全图共有 n(n-1)条边。

(4)在无向图中，顶点 v 的度是指依附于该顶点的边的个数。在有向图中，顶点 v 的入度是指以该顶点为弧头的弧的个数，顶点 v 的出度是指以该顶点为弧尾的弧的个数。

(5)在图中，权通常是指对边赋予的有意义的数量值，边上带权的图称为网或者网。

(6)在无向图 G=(V,E)中，顶点 v_p 到 v_q 之间的路径是一个顶点序列 $v_p,v_{i0},v_{i1},\cdots,v_{im},v_q$，其中，$(v_{ij-1},v_{ij}) \in E(1 \leqslant j \leqslant m)$。

如果 G 是有向图，则$<v_{ij-1},v_{ij}> \in E(1 \leqslant j \leqslant m)$。路径上边的数目称为路径长度。第一个顶点和最后一个顶点相同的路径称为回路。

(7)在无向图中，若任意顶点 v_i 和 $v_j(i \neq j)$之间有路径，则称该图是连通图，非连通图的极大连通子图称为连通分量。

在有向图中，对任意顶点 v_i 和 $v_j(i \neq j)$，若从顶点 v_i 到 v_j 和从顶点 v_j 到 v_i 均有路径，则称该有向图是强连通图。非强连通图的极大强连通子图称为强连通分量。

(8)图的抽象数据类型定义为：

ADT Graph
数据:由一个结点集合{v_i}和一个边集合{e_j}组成(网则是一个边权集合{(e_j,w_j)})。
操作:设 G 为 Graph 型
  GraphInitiate(G) //初始化图 G;
  InsertVertex(G,vertex) //在图 G 中插入顶点 vertex;
  InsertEdge(G,v1,v2,weight) /*在图 G 中插入边<v1,v2>,权值为 weight ;*/
  DeleteEdge(G,v1,v2) //在图 G 中删除边<v1,v2>;
  DeleteVertex(G,v) /*在图 G 中删除第 v 个顶点以及与该顶点相关的所有边;*/
  GetFirstVex(G,v) //在图 G 寻找第 v 个顶点的第一个邻接结点;
  GetNextVex(G,v1,v2) /*在图 G 中寻找顶点 v1(继邻接点 v2 之后的)下一个邻接点;*/
  Traverse(G,Visit( )) //遍历图 G。

二、图的存储结构

图的存储结构常用的有邻接矩阵和邻接表。图 5-1(a)中有向图的邻接矩阵结构如图 5-1(b)所示,图 5-1(a)有向图的邻接表表示如图 5-1(c)所示。

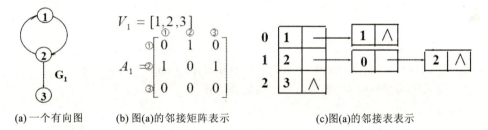

(a)一个有向图 (b)图(a)的邻接矩阵表示 (c)图(a)的邻接表表示

图 5-1 图的存储结构举例

(1)图的邻接矩阵存储用一个一维数组存储图中顶点的信息,用一个二维数组存储图中边的信息。邻接矩阵的类型定义如下所示:
#define MaxVertices <图中顶点的最大个数>
typedef struct
{ SeqList Vertices;/*顶点*/
  int edge[MaxVertices][MaxVertices];/*边*/
  int numOfEdges;/*边数*/
} AdjMGraph;
(2)图的邻接表存储是由边表和顶点表组成,图中每个顶点的所有邻接点构成一个边表,所有边表的头指针和存储顶点信息的一维数组构成顶点表。邻接表的类型定义如下所示:
#define MaxVertices <图中顶点的最大个数>
typedef struct Node
{ int dest;/*与该顶点邻接的邻接顶点的序号*/
  int weight;
  struct Node *next;/*指向下一条边或弧结点*/

}Edge；
typedef struct
{   DateType data；/*顶点信息*/
    Edge *adj；/*指向第一条依附该顶点的边*/
} Vertex；
typedef struct
{   Vertex vertices[MaxVertices]；
    int numOfVerts；
    int numOfEdges；
} AdjLGraph；

三、图的遍历

(1)图的遍历是指已知图 G(V,E)，从图中的任一顶点出发，按一定规则顺着某些边去访问图中其余顶点，使每一个顶点被访问一次且仅被访问一次。图的遍历通常有深度优先遍历和广度优先遍历两种方式。遍历图的过程实质上是通过边或弧找邻接点的过程，因此遍历算法的时间复杂度是 $O(n^2)$。图的深度优先遍历是以递归方式进行的，须用栈记载遍历路线；图的广度优先遍历是以层次方式进行的，须用队列保存已访问的顶点。

【非连通图的遍历算法】(此处图均采用邻接矩阵为存储结构)
void GraphTraverse(AdjMGraph*G,void Visit(DataType item))
/*遍历图采用邻接矩阵存储,Visit( )是访问顶点函数*/
{   int i；
    int *visited=(int *)malloc(sizeof(int)*G->Vertices.size)；/*访问标志动态数组*/
    for (i=0；v<G->Vertices.size；i++) visited[i]=0；/*对所有顶点的访问标志位进行初始化*/
    /*检查图的所有顶点是否被访问过，如果未被访问，则从该未被访问的顶点开始继续遍历，do_Search 函数可以调用用深度优先或者广度优先搜索函数*/
    for (i=0；i<G->Vertices.size；i++)
        if (!visited[i])
            do_Search(G,i,visited,Visit)；
}

【图深度优先搜索算法】
void DepthFirstSearch(AdjMGraph *G,int v,int visited[ ],void Visit(DataType item))
/*图采用邻接矩阵为存储结构,从第 v 个顶点出发递归地深度优先遍历图。附设访问标志数组 visited[n]: visited[i]=1)，表示图中的第 i 个顶点未(已)被访问过*/
{   int w；
    Visit(G->Vertices.list[v])；/*第一步：访问第 v 个顶点*/
    visited[v]=1；/*标记第 v 个顶点已访问*/
    /*访问第 v 个顶点邻接的未被访问过的顶点 w，并从 w 出发递归地按照深度优先的方式进行遍历*/

```
    w=GetFirstVex(G,v);/*得到第 v 个顶点的第一个邻接顶点 w*/
    while(w!=-1)
    {   if(!visited[w]) DepthFSearch(G,w,visited,Visit);
        w=GetNextVex(G,v,w);/*得到第 v 个顶点的下一个邻接顶点 w*/
    }
}
```

【图广度优先搜索算法】

```
void BreadthFirstSearch(AdjMGraph *G,int v,int visited[ ],void Visit(DataType item))
{   SeqCQueue queue;
    DataType w,u;
    QueueInitiate(&queue);/*初始化队列 queue*/
    Visit(G -> Vertices.list[v]);/*访问顶点 v*/
    visited[v]=1;
    QueueAppend(&queue,v);/*将 v 入队*/
    while(QueueNotEmpty(queue))/*当队列不为空时循环*/
    {   QueueDelete(&queue,&u);/*取出队头元素 u*/
        w=GetFirstVex(G,u);/*取 u 的第一个邻接结点 w*/
        while(w!=-1)
        {   if(!visited[w])
            {   Visit(G -> Vertices.list[w]);/*访问顶点 w*/
                visited(w)=1;
                QueueAppend(&queue,w);/*将 w 入队*/
            }
            w=GetNextVex(G,u ,w);/*取 u 的下一邻接点*/
        }
    }
}
```

(2)连通图 G 的生成树是包含 G 中全部顶点的一个极小连通子图,它含有图中全部 n 个顶点,但只有足以构成一棵树的 n-1 条边,没有回路。图的生成树可以通过遍历图得到。

四、图的应用

(1)最小生成树是无向连通网中代价总和最小的生成树。最小生成树具有 MST 性质,Prim 算法和 Kruskal 算法是两个利用 MST 性质构造最小生成树的经典算法。Prim 算法的时间复杂度 $O(n^2)$,适用于求稠密网的最小生成树;Kruskal 算法的时间复杂度为 $O(elog_2 e)$,适用于求稀疏网的最小生成树。

【Prim 算法】

```
typedef struct
{   char vertex;
    int weight;
```

} MSTNode;//最小生成树描述
void Prim(AdjMGraph G,MSTNode MST[ ])//图采用邻接表存储
{   char x;
    int n=G.Vertices.size,minCost;
    int *lowCost=(int *)malloc(sizeof(int)*n);
    int i,j,k;
    for (i=1;i<n;i++)   lowCost[i]=G.edge[0][i];//初始化 lowCost 数组
    /*从 v0出发构造最小生成树*/
    ListGet(G.Vertices,0,&);
    MST[0].vertex=x;//加入 x(或 v0)到 MST 中
    lowCost[0]=-1;
    for (i=1;i<n;i++) //循环 n-1次,找 n-1个顶点
    {   minCost=MaxWeight;/*寻找当前最小权值 minCost 边对应的弧头顶点 vk*/
        for (j=1;j<n;j++)
        {   if(lowCost[j]<minCost && lowCost[j]>0)
            {   minCost=lowCost[j];
                k=j;   }
        }
        ListGet(G.Vertices,k,&x);
        MST[i] vertex=x;//加入 vk 到 MST 中
        MST[i].weight=minCost;
        lowCost[k]=-1;
        for (j=1;j<n;j++) /*修正 vk 到 V(G)- V(MST) 中各顶点 vj 的当前具有最小权值的边
            (vk,vj)的权值*/
        {   if(G.edge[k][j]<lowCost[j])
                lowCost[j]=G.edge[k][j];
        }
    }
}

(2)最短路径是指网中两顶点之间经历的边上权值之和最少的路径。Dijkstra 算法按路径长度递增的次序产生单源最短路径,时间复杂度为 $O(n^2)$。Floyd 算法采用迭代的方式求得每一对顶点之间的最短路径,时间复杂度为 $O(n^3)$。

【Dijkstra算法】
void Dijkstra(AdjMGraph G,int v0,int distance[],int path[ ]) /*带权图 G 从下标0顶点到其他
    顶点的最短距离 distance 和最短路径上顶点前驱下标 path */
{   int n=G.Vertices.size;
    int *S=(int *) malloc(sizeof(int)*n);//S 数组
    int minDis,i,j,u;
    /*初始化*/

```
for(i=0;i<n;i++)
{   distance[i]=G.edge[v0][i];
    S[i]=0;
    if(i !=v0 && distance[i]<MaxWeight)
        path[i]=v0;
    else path[i] =-1;
}
S[v0]=1;
/*在当前还未找到最短路径的顶点集中选取具有最短距离的顶点 u*/
for(i=1;i<n;i++)
{   minDis=MaxWeight;
    for (j=0;j<n;j++)
        if(S[j] ==0 && distance[j]<minDis)
        {u=j;
            minDis=distance[j];
        }
    /*当已不再存在路径时算法结束*/
    if(minDis ==MaxWeight) return;
    S[u]=1;/*标记顶点 u 已从集合 T 加入到集合 S 中*/
    /*修改从 v0 到其他顶点的最短距离和最短路径*/
    for(j=0;j<n;j++)
        if(S[j] ==0 && G.edge[u][j]<MaxWeight&&
            distance[u]+G.edge[u][j]<distance[j])
        {   distance[j]=distance[u]+G.edge[u][j];
            path[j]=u;
        }
}
}
```

(3)将一个有向无环图中所有顶点在不违反先决条件关系的前提下排成线性序列的过程称为拓扑排序。

若在有向无环图 G=(V,E)中从顶点 v_i 到 v_j 有一条路径,则在 G 所有顶点组成的线性序列中顶点 v_i 必在顶点 v_j 之前,则该线性序列可称作一个拓扑序列。任何有向无环图 G 的所有顶点都可以排在一个拓扑序列里。

拓扑排序的方法是:①从图 G 中选择一个入度为0的顶点并输出;②从图 G 中删掉此顶点及其所有的出边;③回到第①步继续执行,直至 G 所有顶点都被输出或 G 中不存在入度为0的顶点。

若在拓扑排序过程中 G 中所有顶点都被输出,则表明 G 中没有有向环,拓扑排序成功。若仅输出了部分顶点,G 中已不存在入度为0的顶点,则表明 G 中存在有向环,拓扑排序失败。

(4)AOE 网是用顶点 v_j 表示事件,弧<v_j,v_k>表示活动 a_i,权 dut(<v_j,v_k>)表示活动 a_i 持续

时间的带权有向无环图。每个事件表示在它之前的活动已完成,在它之后的活动可以开始(约束条件)。网中仅存在一个入度为0的顶点(开始顶点)、一个出度为0的顶点(结束顶点)。关键路径是指从开始顶点到结束顶点的路径上各活动持续时间之和最大的路径。关键活动是关键路径上的活动。

关键路径的计算方法是:①求 AOE 网的一个拓扑序列;②按照该拓扑序列依次计算各事件 v_j 的最早发生时间 $Ve(j)$,计算公式见公式(5-1);③按照逆拓扑序列计算各事件 v_j 的最迟发生时间 $Vl(j)$,计算公式见公式(5-2);④求各活动 a_i 的最早开始时间 $e(i)$,计算公式见公式(5-3);⑤求各活动 a_i 的最迟开始时间 $l(i)$,计算公式见公式(5-4);⑥求完成各活动 a_i 的时间余量,计算公式见公式(5-5);⑦找出所有完成时间余量为0的活动,即为关键活动;⑧所有关键活动及相关事件组成关键路径。

$$\begin{cases} Ve(1)=0 \\ Ve(j)=\underset{k}{Max}\{Ve(k)+dut(<v_k,v_j>)\} \\ 其中, 2 \leqslant j \leqslant n, \\ <v_k,v_j> 为所有到达 v_j 的有向边 \end{cases} \quad (5-1)$$

$$\begin{cases} Vl(n)=Ve(n) \\ Vl(j)=\underset{k}{Min}\{Vl(k)-dut(<v_j,v_k>)\} \\ 其中, 1 \leqslant j \leqslant n-1 \\ <v_j,v_k> 是所有从 v_j 出发的有向边 \end{cases} \quad (5-2)$$

$$e[i]=Ve[j] \quad (5-3)$$

$$l[i]=Vl[k]-dut(<vj,vk>) \quad (5-4)$$

$$a_i 的完成时间余量 = l(i)-e(i) \quad (5-5)$$

第二节 上机实习示例:校园局域网布线问题

【题目要求】

随着网络建设的普及,学校要建立校园局域网络。在学校的主要建筑平面图上,将对学校办公楼、教学楼和平房辅助管理部门等几座主要建筑物构建校园网络。要求所建立的校园局域网所花的代价最小,并给出任意建筑物之间的最短路径。

(1)利用校园建筑物位置和道路数据信息构成校园的主要建筑平面图。

(2)访问校园所有的建筑物。要求以某一个建筑物为起始点,访问其他的所有建筑物,并且每一个建筑物只能被访问一次。要求输出建筑物的访问次序。

(3)建立校园局域网,要求所花的代价最小。

(4)计算上述(3)中所建立的校园局域网中各个网点的邻近网点的数目。

(5)查询第1个建筑物到其他各建筑物的最短路径。

(6)查询任意两个建筑间的最短路径。

【设计思想】

(1)学校的建筑物通过建筑物之间的道路实现了彼此的连通,因此学校的主要建筑平面图可以使用无向图来实现建模:把学校中的建筑物作为图中的结点,把道路看作图中的边。顶点的信息可以使用顺序表来存储,边的信息可以使用邻接矩阵来存储。

(2)要访问校园中所有的建筑物,即访问图中所有的结点,可以使用图的遍历算法,即图的深度遍历或者广度遍历。

(3)要建立代价最小的校园局域网可以使用图的最小生成树算法,可以使用 Prim 算法或 Kruskal 算法来求解主要建筑平面图的代价最小的局域网。

(4)校园局域网中各个网点的邻近网点的数目可以通过遍历无向图,判断两个节点之间边上的权值,如果权值不是0和 MaxWeight,则说明这两个结点是相连的,即可将与此结点相邻的节点数目在原来的基础上加1。

(5)查询从某个主要建筑物到其他各建筑物的最短距离,可以使用 Dijkstra 算法,Dijkstra 算法可以使用在有向图和无向图中,求解各个建筑物之间的最短距离,可以使用 Floyd 算法求得各个网点之间的最短距离。

【算法实现】

```
/*========本程序一共建立了八个文件========*/
/*=========第一个文件:SeqList.h===========*/
/*==============================*/
typedef struct
{    DataType list[MaxSize];
     int size;
} SeqList;

void ListInitiate(SeqList *L)    /*初始化顺序表 L*/
{    L->size=0;                  /*定义初始数据元素个数*/
}

int ListLength(SeqList L)        /*返回顺序表 L 的当前数据元素个数*/
{    return L.size;
}

int ListInsert(SeqList *L,int i,DataType x)
/*在顺序表 L 的位置 i(0≤i≤size)前插入数据元素值 x*/
/*插入成功返回1,插入失败返回0*/
{    int j;
     if(L->size >=MaxSize)
     {    printf("顺序表已满无法插入!\n");
          return 0;
     }
```

```
        else if(i<0∥i>L->size )
        {   printf("参数 i 不合法!\n");
            return 0;
        }
        else
        {   for(j=L->size;j>i;j--) L->list[j]=L->list[j-1];   /*为插入做准备*/
            L->list[i]=x;                                      /*插入*/
            L->size++;                                         /*元素个数加1*/
            return 1;
        }
}

int ListDelete(SeqList *L,int i,DataType *x)
/*删除顺序表 L 中位置 i(0 ≤ i ≤ size-1)的数据元素值并存放到参数 x 中*/
{   int j;
    if(L->size<=0)
    {   printf("顺序表已空无数据元素可删!\n");
        return 0;//删除失败
    }
    else if(i<0∥i>L->size -1)
    {   printf("参数 i 不合法");
        return 0;//删除失败
    }
    else
    {   *x=L->list[i];               /*保存删除的元素到参数 x 中*/
        for (j=i+1;j<=L->size -1;j++) L->list[j-1]=L->list[j];/*依次前移*/
        L->size--;                   /*数据元素个数减1*/
        return 1;                    //删除成功
    }
}

int ListGet(SeqList L,int i,DataType *x)
/*取顺序表 L 中第 i 个数据元素的值存于 x 中,成功则返回1,失败返回0*/
{   if(i<0∥i>L.size -1)
    {   printf("参数 i 不合法!\n");
        return 0;
    }
    else
    {   *x=L.list[i];
```

```
            return 1;
        }
}

/*==========第二个文件 SeqCQueue.h=========*/
/*===============================*/
typedef struct
{   DataType queue[MaxQueueSize];
    int rear;                    /*队尾指针*/
    int front;                   /*队头指针*/
} SeqCQueue;

void QueueInitiate(SeqCQueue *Q)     /*初始化顺序循环队列 Q*/
{   Q->rear=0;                       /*定义初始队尾指针下标值*/
    Q->front=0;                      /*定义初始队头指针下标值*/
}

int QueueNotEmpty(SeqCQueue Q)
/*判顺序循环队列 Q 非空否,非空则返回1,否则返回0*/
{   if(Q.front ==Q.rear)    return 0;
    else return 1;
}

int QueueAppend(SeqCQueue *Q,DataType x)
/*把数据元素值 x 插入顺序循环队列 Q 的队尾,成功返回1,失败返回0 */
{   if((Q->rear+1) % MaxQueueSize ==Q->front)
        {   printf("队列已满无法插入!\n");
            return 0;
        }
    else
        {   Q->queue[Q->rear]=x;
            Q->rear=(Q->rear+1)% MaxQueueSize;
            return 1;
        }
}

int QueueDelete(SeqCQueue *Q,DataType *d)
/*删除顺序循环队列 Q 的队头元素并赋给 d,成功返回1,失败返回0*/
{   if(Q->front ==Q->rear)
```

```
        {   printf("循环队列已空无数据元素出队列!\n");
            return 0;
        }
        else
        {   *d=Q->queue[Q->front];
            Q->front=(Q->front+1) % MaxQueueSize;
            return 1;
        }
}

int QueueGet(SeqCQueue Q,DataType *d)
/*取顺序循环队列Q的当前队头元素并赋给d,成功返回1,失败返回0*/
{   if(Q.front ==Q.rear)
        {   printf("循环队列已空无数据元素可取!\n");
            return 0;
        }
        else
        {   *d=Q.queue[Q.front];
            return 1;
        }
}


/*========第三个文件:AdjMGraph.h==========*/
/*================================*/
#include "SeqList.h"                /*包含顺序表头文件*/
typedef struct
{   SeqList Vertices;               /*存放顶点的顺序表*/
    int edge[MaxVertices][MaxVertices];  /*存放边的邻接矩阵*/
    int numOfEdges;                 /*边的条数*/
}AdjMWGraph;                        /*图的结构体定义*/

void Initiate(AdjMWGraph *G,int n)  /*初始化*/
{   int i,j;
    for(i=0;i<n;i++)
        for(j=0;j<n;j++)
        {   if(i ==j) G->edge[i][j]=0;
            else G->edge[i][j]=MaxWeight;
        }
    G->numOfEdges=0;                /*边的条数置为0*/
```

```
            ListInitiate(&G -> Vertices);         /*顺序表初始化*/
}

void InsertVertex(AdjMWGraph *G, DataType vertex)
/*在图 G 中插入顶点 vertex*/
{     ListInsert(&G -> Vertices, G -> Vertices.size, vertex);   /*顺序表表尾插入*/
}

void InsertEdge(AdjMWGraph *G, int v1, int v2, int weight)
/*在图 G 中插入边<v1, v2>, 边<v1, v2>的权为 weight*/
{     if(v1<0‖v1>G -> Vertices.size‖v2<0‖v2>G -> Vertices.size)
      {     printf("参数 v1或 v2越界出错!\n");
            exit(1);
      }
      G -> edge[v1][v2]= weight;
      G -> numOfEdges++;
}

void DeleteEdge(AdjMWGraph *G, int v1, int v2)
/*在图 G 中删除边<v1, v2>*/
{     if(v1<0‖v1>G -> Vertices.size‖v2<0‖v2>G -> Vertices.size‖v1 ==v2)
      {     printf("参数 v1或 v2越界出错!\n");
            exit(1);
      }
      G -> edge[v1][v2]= MaxWeight;
      G -> numOfEdges - -;
}

void DeleteVertex(AdjMWGraph *G, int v)
//删除结点 v
{     int n=ListLength(G -> Vertices), i, j;
      DataType x;
      for(i=0;i<n;i++)
            for(j=0;j<n;j++)
                  if ((i ==v‖j==v) && G -> edge[i][j]>0 && G -> edge[i][j]<MaxWeight)
                        G -> numOfEdges - -;              //被删除边计数
      for(i=v;i<n;i++)
            for(j=0;j<n;j++)
                  G -> edge[i][j]= G -> edge[i+1][j];      //删除第 v 行
```

```
            for(i=0;i<n;i++)
                for(j=v;j<n;j++)
                    G->edge[i][j]=G->edge[i][j+1];        //删除第 v 列
        ListDelete(&G->Vertices,v,&x);                     //删除结点 v
}

int GetFirstVex(AdjMWGraph G,int v)
/*在图 G 中寻找序号为 v 的顶点的第一个邻接顶点*/
/*如果这样的邻接顶点存在则返回该邻接顶点的序号,否则返回-1*/
{    int col;
    if(v<0||v>G.Vertices.size)
    {    printf("参数 v1越界出错!\n");
        exit(1);
    }
    for(col=0;col<=G.Vertices.size;col++)
        if(G.edge[v][col]>0 && G.edge[v][col]<MaxWeight) return col;
    return -1;
}

int GetNextVex(AdjMWGraph G,int v1,int v2)
/*在图 G 中寻找 v1顶点的邻接顶点 v2的下一个邻接顶点*/
/*如果这样的邻接顶点存在则返回该邻接顶点的序号,否则返回-1*/
/*这里 v1和 v2都是相应顶点的序号*/
{    int col;
    if(v1<0||v1>G.Vertices.size||v2<0||v2>G.Vertices.size)
    {    printf("参数 v1或 v2越界出错!\n");
        exit(1);
    }
    for(col=v2+1;col<=G.Vertices.size;col++)
        if(G.edge[v1][col]>0 && G.edge[v1][col]<MaxWeight) return col;
    return -1;
}
//获取与 V1结点相连的结点的个数
int GetNumOfNeighter(AdjMWGraph G,int v1)
{    int i,result=0;
    for(i=0;i<G.Vertices.size;i++)
    {    if((G.edge[v1][i]>0)&&(G.edge[v1][i]<MaxWeight))
        result++;
    }
```

        return result;
}

/*========第四个文件:AdjMGraphCreate.h=========*/
/*=================================*/
typedef struct
{   int row;   /*行下标*/
    int col;   /*列下标*/
    int weight;   /*权值*/
}RowColWeight;   /*边信息三元组结构体定义*/

void CreatGraph(AdjMWGraph *G,DataType V[],int n,RowColWeight E[],int e)
/*在图 G 中插入 n 个顶点信息 V 和 e 条边信息 E*/
{   int i,k;
    Initiate(G,n);   /*顶点顺序表初始化*/
    for(i=0;i<n;i++)   InsertVertex(G,V[i]);   /*顶点插入*/
    for(k=0;k<e;k++)   InsertEdge(G,E[k].row,E[k].col,E[k].weight);/*边插入*/
}

/*========第五个文件:AdjMGraphTraverse.h========*/
/*=================================*/
#include "SeqCQueue.h"   /*包括顺序循环队列*/

void DepthFSearch(AdjMWGraph G,int v,int visited[ ])
/*连通图 G 以 v 为初始顶点的深度优先遍历*/
/*数组 visited 标记了相应顶点是否已访问过,0表示未访问,1表示已访问*/
{   int w;
    printf("%c   ",G.Vertices.list[v]);   /*输出顶点字母*/
    visited[v]=1;
    w=GetFirstVex(G,v);
    while(w !=-1)
    {   if(! visited[w]) DepthFSearch(G,w,visited);
        w=GetNextVex(G,v,w);
    }
}

void DepthFirstSearch(AdjMWGraph G)
/*非连通图 G 的深度优先遍历*/
{   int i;

```
        int *visited=(int *)malloc(sizeof(int)*G.Vertices.size);
        for(i=0;i<G.Vertices.size;i++)    visited[i]=0;
        for(i=0;i<G.Vertices.size;i++)
            if(!visited[i]) DepthFSearch(G,i,visited);
        free(visited);
}

void BroadFSearch(AdjMWGraph G,int v,int visited[])
/*连通图 G 以 v 为初始顶点的广度优先遍历*/
/*数组 visited 标记了相应顶点是否已访问过,0表示未访问,1表示已访问*/
{    DataType u,w;
     SeqCQueue queue;
     printf("%c   ",G.Vertices.list[v]);           /*输出顶点字母*/
     visited[v]=1;

     QueueInitiate(&queue);
     QueueAppend(&queue,v);
     while(QueueNotEmpty(queue))
     {    QueueDelete(&queue,&u);
          w=GetFirstVex(G,u);
          while(w!=-1)
          {    if(!visited[w])
               {    printf("%c   ",G.Vertices.list[w]);   /*输出顶点字母*/
                    visited[w]=1;
                    QueueAppend(&queue,w);
               }
               w=GetNextVex(G,u,w);
          }
     }
}

void BroadFirstSearch(AdjMWGraph G)
/*非连通图 G 的广度优先遍历*/
{    int i;
     int *visited=(int *)malloc(sizeof(int)*G.Vertices.size);
     for(i=0;i<G.Vertices.size;i++)
          visited[i]=0;
     for(i=0;i<G.Vertices.size;i++)
          if(!visited[i]) BroadFSearch(G,i,visited);
```

```
        free(visited);
}

/*========第六个文件:Prim.h========*/
/*===========================*/
typedef struct
{   VerT vertex;
    int weight;
}MinSpanTree;

void Prim(AdjMWGraph G,MinSpanTree closeVertex[])
/*用普里姆方法建立网 G 的最小生成树 closeVertex */
{
    int n=G.Vertices.size,minCost;
    int *lowCost=(int *)malloc(sizeof(int)*n);
    int i,j,k;
    /*从序号为0的顶点出发构造最小生成树*/
    closeVertex[0].vertex=G.Vertices.list[0];
    for(i=1;i<n;i++)
        lowCost[i]=G.edge[0][i];
    lowCost[0]=-1;
    for(i=1;i<n;i++)
    {   /*寻找当前最小权值的边的顶点 */
        minCost=MaxWeight;                    /*MaxWeight 为定义的最大权值 */
        j=1;
        k=1;
        while(j<n)
        {   if(lowCost[j]<minCost && lowCost[j] !=-1)
            {
                minCost=lowCost[j];
                k=j;
            }
            j++;
        }
        closeVertex[i].vertex =G.Vertices.list[k];
        closeVertex[i].weight =   minCost;
        lowCost[k] =-1;
        /*修改到其他顶点的路径值*/
        for(j=1;j<n;j++)
```

```
        {    if(G.edge[k][j]<lowCost[j])
                  lowCost[j]=G.edge[k][j];
        }
    }
    free(lowCost);
}


/*========第七个文件:ShorestPath.h========*/
/*==============================*/
void Dijkstra(AdjMWGraph G,int v0,int distance[],int path[])
//带权图 G 从下标 v0顶点到其他顶点的最短距离 distance 和最短路径下标 path
{    int n=G.Vertices.size;
     int *s=(int *)malloc(sizeof(int)*n);    int minDis,i,j,u;
     //初始化
     for(i=0;i<n;i++)
     {    distance[i]=G.edge[v0][i];
          s[i]=0;
          if(i !=v0 && distance[i]<MaxWeight) path[i]=v0;
          else path[i] =-1;
     }
     s[v0]=1;        //标记顶点 v0已从集合 T 加入到集合 S 中
     //在当前还未找到最短路径的顶点集中选取具有最短距离的顶点 u
     for(i=1;i<n;i++)
     {    minDis=MaxWeight;
          for(j=0;j<=n;j++)
               if(s[j] ==0 && distance[j]<minDis)
               {    u=j;
                    minDis=distance[j];
               }
          //当已不再存在路径时算法结束;此语句对非连通图是必须的
          if(minDis ==MaxWeight) return;
          s[u]=1;        //标记顶点 u 已从集合 T 加入到集合 S 中
          //修改从 v0到其他顶点的最短距离和最短路径
          for(j=0;j<n;j++)
               if(s[j] ==0 && G.edge[u][j]<MaxWeight &&
                    distance[u]+G.edge[u][j]<distance[j])
               {    //顶点 v0经顶点 u 到其他顶点的最短距离和最短路径
                    distance[j]=distance[u]+G.edge[u][j];
                    path[j]=u;
```

```c
                }
        }
}

void Floyd(int cost[][MaxVertices],int n,int weight[][N],int path[][N])
{    int i,j,k;
    for(i=0;i<n;i++)
        for(j=0;j<n;j++)
        {    weight[i][j]=cost[i][j];
            path[i][j]=-1;
        }
    for(k=0;k<n;k++)
    {    for(i=0;i<n;i++)
            for(j=0;j<n;j++)
                if(weight[i][j]>weight[i][k]+weight[k][j])
                    {    weight[i][j]=weight[i][k]+weight[k][j];
                        path[i][j]=k;
                    }
    }
}

/*========第八个文件：main.cpp========*/
/*============================*/
#include <stdio.h>
#include <stdlib.h>
#include <malloc.h>

typedef char DataType;
typedef char VerT;
#define MaxSize 100
#define MaxVertices 10
#define MaxEdges 100
#define MaxWeight 10000
#define MaxQueueSize 100
#define N 9

#include "AdjMGraph.h"
#include "AdjMGraphCreate.h"
#include "AdjMGraphTraverse.h"
```

```c
#include "Prim.h"
#include "ShorestPath.h"
void Visit(DataType item)
{
    printf("%c  ",item);
}

void main(void)
{   AdjMWGraph g;
    char a[]={'A','B','C','D','E','F','G','H','T'};
    RowColWeight rcw[]={{0,1,200},{1,0,200},{0,3,60},{3,0,60},{0,7,100},
        {7,0,100},{0,8,100},{8,0,100},{1,7,50},{7,1,50},{1,8,50},{8,1,50},
        {2,4,350},{4,2,350},{2,5,200},{5,2,200},{2,6,100},{6,2,100},{2,9,150},
        {9,2,150},{3,4,290},{4,3,290},{3,6,200},{6,3,200},{3,9,300},{9,3,300},
        {4,5,200},{5,4,200},{4,9,50},{9,4,50},{5,9,100},{9,5,100},{6,7,200},
        {7,6,200},{7,8,100},{8,7,100}};
    int n=9,e=36,i,j;

    MinSpanTree closeVertex[N];
    int distance[N],distance1[N],onepath[N];
    int weight[N][N],allpath[N][N];
    CreatGraph(&g,a,n,rcw,e);
    printf("深度优先搜索序列为:");
    DepthFirstSearch(g);
    printf("\n广度优先搜索序列为:");
    BroadFirstSearch(g);
    printf("\n");

    Prim(g,closeVertex);
    printf("代价最小的局域网:\n");
    printf("初始顶点=%c\n",closeVertex[0].vertex);
    for(i=1;i<n;i++)
        printf ("顶点=%c  边的权值=%d\n",closeVertex[i].vertex,closeVertex[i].
            weight);

    printf("各个网点临建的网点数目\n");
    for(i=1;i<n;i++)
        printf("第%d个网点临近网点的个数%d\n",i,GetNumOfNeighter(g,i));
    //使用Dijkstra算法求第一个结点到其余结点的最短路径
```

```
Dijkstra(g,0,distance1,onepath);
printf("从顶点%c 到其他各顶点的最短距离为:\n",g.Vertices.list[0]);
for(i =0;i<n;i++)
    printf("到顶点%c 的最短距离为%d\n",g.Vertices.list[i],distance1[i]);
printf("各个网点之间的最短路径如下矩阵所示:\n");
Floyd(g.edge,n,weight,allpath);

for(i=0;i<n;i++)
{   for(j=0;j<n;j++)
        printf("%d   ",weight[i][j]);
    printf("\n");
}
}
```

【测试数据及结果】

本例中学校的主要建筑平面图如图5-2所示,包括10个不同的场所,每两个场所间有不同的通道,且距离不同。

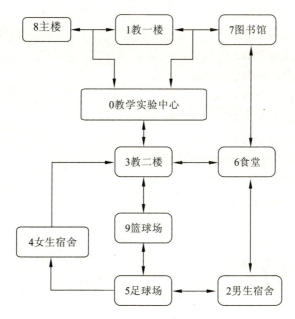

图5-2 学校的主要建筑平面图

校园中的连接这些建筑之间的道路的长度信息如下：

0←→1:200	0←→3:20	0←→7:100	0←→8:100
1←→7:50	1←→8:50	2←→4:350	2←→5:200
2←→6:100	2←→9:150	3←→4:290	3←→6:200
3←→9:300	4←→5:200	4←→9:50	5←→9:100

6⟷7:200   7⟷8:100

测试结果如下：

(1)访问校园所有的建筑物。

深度优先搜索序列为：A B H G C E D F I

广度优先搜索序列为：A B D H I E G C F

(2)建立校园局域网，要求所花的代价最小。

初始顶点＝A

顶点＝D   边的权值＝60

顶点＝H   边的权值＝100

顶点＝B   边的权值＝50

顶点＝I   边的权值＝50

顶点＝G   边的权值＝200

顶点＝C   边的权值＝100

顶点＝F   边的权值＝200

顶点＝E   边的权值＝200

(3)所建立的校园局域网中计算各个网点的邻近网点的数目。

第1个网点临近网点的个数3

第2个网点临近网点的个数3

第3个网点临近网点的个数3

第4个网点临近网点的个数3

第5个网点临近网点的个数2

第6个网点临近网点的个数3

第7个网点临近网点的个数4

第8个网点临近网点的个数3

(4)查询从顶点A到其他各建筑物的最短路径。

到顶点A的最短距离为0

到顶点B的最短距离为150

到顶点C的最短距离为360

到顶点D的最短距离为60

到顶点E的最短距离为350

到顶点F的最短距离为550

到顶点G的最短距离为260

到顶点H的最短距离为100

到顶点I的最短距离为100

(5)查询图中任意两个建筑间的最短路径。

0   150   360   60   350   550   260   100   100

150   0   350   210   500   550   250   50   50

360   350   0   300   350   200   100   300   400

60   210   300   0   290   490   200   160   160

350	500	350	290	0	200	450	450	450
550	550	200	490	200	0	300	500	600
260	250	100	200	450	300	0	200	300
100	50	300	160	450	500	200	0	100
100	50	400	160	450	600	300	100	0

第三节　上机题目

题目1　全国铁路运输网最佳经由问题

【问题描述】

铁路运输网络(Railway Network)是在一定空间范围内(全国、地区或国家间)，为满足一定有历史条件下客货运输需求而建设的相互联结的铁路干线、支线、联络线以及车站和枢纽所构成的网状结构的铁路系统。铁路网是铁路进行运输生产的主要物质基础，它是随着国民经济发展、生产力布局、产业结构以及交通运输网的合理分工而逐渐发展起来的。

在进行铁路网建设之前，要做的首要工作就是对铁路网进行合理的规划，模拟铁路网规划的过程，首先应该实现对全国铁路网的数据的抽象化处理，同时应该能够添加/删除站点、添加/删除路线、寻找两个车站之间的最短路径等功能。

【基本要求】

铁路运输网络主要由铁路线和火车站组成，从直观上选择图结构来存储和管理铁路运输网络是最佳选择。其中铁路线对象包括铁路线编号、铁路线名称、起始站编号、终点站编号、该铁路线长度、通行标志(00B 客货运禁行，01B 货运通行专线，10B 客运通行专线，11B 客货运通行)；火车站对象包括所属铁路线编号、车站代码、车站名、车站简称、离该铁路线起点站路程及终点站路程。

要求使用图结构实现下面的基本功能：

(1)构建铁路运输网络系统。

(2)查询某站所属的铁路线。

(3)添加新铁路线信息。

(4)添加新增车站的信息。

(5)删除一个车站。

(6)添加/删除一条路线(同添加/删除车站操作)。

(7)修改车站/路线。

(8)针对客运、货运情况能计算任何一个起始车站到任何一个终点站之间的最短路径，并且要求能够显示出该最短路径的各个火车站的经由顺序。

题目2　模拟网络路由协议求路由器的路由表(RIP 和 OSPR 协议)

【问题描述】

请你设计一个网络：有 10～15 台路由器，用 3 种开销分别为 1、10、64 的线缆连接各路由器,要求每个路由器上至少有 2 条边,且每台路由器至少有 1 条路径能连通到其他路由器(但是你设计的网络不能形成完全图)。请你编写程序实现模拟计算机网络 RIP 和 OSPR 协议,计算网络中各路由器的路由表。

(1)输入你所设计的网络 G(建议采用无向图)。

(2)输出你所设计的网络 G。例如,如果采用邻接矩阵图结构,则输出顶点顺序表和邻接矩阵。

(3)可选择性地添加/删除网络 G 中的链路边和路由器结点。

(4)在你所设计的网络 G 基础上寻找并输出在所有顶点间建立通信网的总开销最小的网络 MST。

(5)在用户选择 G 或 MST 的一个路由结点后,分别计算并输出 RIP 和 OSPF 协议从该路由结点到其他各个路由结点的最优路径。

【扩展内容】

(1)比较两种协议所找到的最优路径在效率上的差别。如果网络规模比较大,使用哪种协议较好?试说明理由。

(2)选择一个路由器后,输出该路由器的路由表。路由表的格式如下:

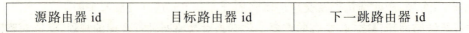

源路由器 id	目标路由器 id	下一跳路由器 id

例如,图 5-3(a)中 A 结点的部分路由表如图 5-3(b)所示:

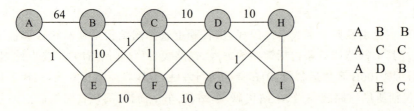

(a) 计算机网络设计示例   (b) 图(a)中A结点的部分路由表

图 5-3 计算机网络的路由表

题目3 图的遍历

【问题描述】

有一个长方形的房间,房间里的地面上布满了正方形的瓷砖,瓷砖要么是红色的,要么是黑色的。一个人站在其中一块黑色的瓷砖上,他可以向四周的瓷砖上移动,但是不能移动到红色的瓷砖上,只能在黑色的瓷砖上移动,那么他可以到达这个房间中的黑色瓷砖的数目为多少?

【测试数据】

输入的测试数据应该是两个整数 W 和 H,分别表示这个房间中 x 方向和 y 方向上瓷砖的数目。可以选择相应的符号代替黑色瓷砖和红色瓷砖,例如"#"表示黑色瓷砖,"*"表示红色瓷砖,"@"表示该位置的黑色瓷砖,且此时人站在上面,注意每个测试数据只有一个"@"符号。

输出数据即为从初始位置的黑色瓷砖到最后位置处总共经过的黑色瓷砖数目。

题目 4 长城

【问题描述】

某一个国家修建了很多长城,每一段长城都连接且只连接两个城市。不同长城不会相交;任何两个城市之间最多只有一段长城。该国的任意两个城市都可以通过一段或多段长城连通。这样,整个国土就被这些长城分割成几块空地。从一块空地到另一块,必须穿过城市,或者翻越长城。

有一个俱乐部,其成员来自各城市。但是,每个城市最多只能由一人加入该俱乐部,或者一个也没有。

该俱乐部的成员们经常要举行聚会。他们聚会的地方不能在任何一个城市内,也不能在任何一段长城上,而只能在某块空地内。在前往聚会的途中,为了避免交通堵塞,他们不能穿越任何城市;另一方面,由于翻越长城也非易事,所以他们希望尽可能少地翻越长城。为此,他们要选择一块最优的空地来聚会,使得所有成员到达该空地所需要翻越长城的总次数最少。

假设总共有 N 个城市,分别用 1~N 的整数编号。在图 5-4(a)中,各城市被表示为相应编号的顶点,而长城表示为连接顶点的直线段。假设俱乐部共有 3 名成员,分别来自城市 3、6 和 9,那么最优空地以及各成员相应的旅行路线如图 5-4(b)所示。按照这种方案,成员们总共需要翻越 2 次长城:从城市 9 出发的成员要翻越城市 2 和 4 之间的长城;从城市 6 出发的成员要翻越城市 4 和 7 之间的长城。

试编写一个程序,在给定城市、空地和俱乐部成员的家乡等信息后,求出所有成员需要翻越长城的总次数的最小值。

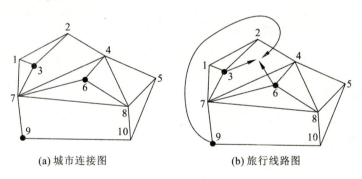

(a) 城市连接图   (b) 旅行线路图

图 5-4 长城示意图

第六章 查 找

查找是根据指定的关键字在查找表中查找该关键字对应的数据元素的操作。查找表主要分为静态查找表和动态查找表(包括各种树表和哈希表)。本章主要以让学生熟练掌握查找表的描述方法及查找操作的实现算法为目标,结合具体应用实例,引导学生掌握根据不同应用场合选择合适的查找表及查找算法,并学会分析查找算法的平均查找长度。

第一节 基本知识

查找表是由同一类型的数据元素(或记录)组成的集合。查找又称检索或查询,是指根据给定的关键字在查找表中找寻相应记录的过程。从抽象数据类型的角度,依据基本操作的不同可将查找表分为静态查找表和动态查找表,本节主要介绍各种查找表的 ADT 定义、查找方法以及查找效率(即平均查找长度 ASL)的分析和计算。

典型的关键字类型说明：

```
    typedef int KeyType;            /*整型*/
或
    typedef float KeyType;          /*实型*/
或
    typedef char *KeyType;          /*字符串型*/
数据元素类型说明：
    typedef struct
      { KeyType key;                /*关键字域*/
        …                           /*其他域*/
      }DataType;
```

一、静态查找表

1. ADT 定义

ADT StaticSearchTable

数据元素:类型相同的 n 个数据元素(或记录)的集合,每个数据元素均含有可唯一标识数据元素的关键字。

结构:数据元素同属一个集合。

基本操作:设 ST 是一个静态查找表,

第六章 查找

```
Create(ST,n)        //初始化一个长度为 n 的表
Search(ST,k)        //查询关键字为 k 的记录是否在表中
Traverse(ST)        //按某种次序访问表中的所有元素
```

2. 查找方法

静态查找表可以有不同的表示方法,在不同的表示方法里,其查找操作的实现方法也不同。常用的查找算法有顺序查找、折半查找(或二分查找)和分块查找(或索引顺序查找)。

以下讨论以顺序表表示静态查找表时的实现算法。

```
typedef    struct
{    DataType list[MaxSize];
     int size;
} SeqList;           /*顺序表的定义*/
```

(1)顺序查找。

算法基本思想:从顺序表的一端开始,用给定数据元素的关键字 k 逐个和顺序表中各数据元素的关键字比较,若在顺序表中查找到要查找的数据元素,则查找成功,函数返回该数据元素在顺序表中的位置;否则查找失败,函数返回-1。

顺序查找算法:

```
int SeqSearch(SeqList S,KeyType k)
    /*在顺序表 S 中顺序查找关键字为 k 的记录*/
{   int i;
    S.list[S.size].key=k;         /*S.list[S.size]为监视哨*/
    i=0;
    while(S.list[i].key!=k) i++;
    if(i==S.size) return -1;      /*查找不成功,返回值-1*/
    else return i;                /*查找成功,返回所查记录在表中的序号*/
}
```

顺序查找的平均查找长度为 $ASL_{ss} = \frac{1}{n}\sum_{i=1}^{n} i = \frac{n+1}{2}$。

(2)折半查找。

算法基本思想:在整个表区间内,以区间的中间元素的关键字和给定的值 k 比较:若相等,则查找成功;若不等,则缩小区间范围(在前半部分或后半部分)重复进行上述步骤,直至查找成功或直至区间大小小于零时表明查找不成功为止。

只有对有序的顺序表,才能采用这种方法。

折半查找算法:

```
int BinarySearch(SeqList S,KeyType k)
/*在有序表 S 中折半查找关键字为 k 的记录*/
{    int low,high,mid;
     low=0;
     high=S.size -1;
     while(low<=high)
```

```
        {   mid=(low+high)/2;
            if (S.list[mid].key==k) return mid;/*查找成功,返回所查记录在表中的序号*/
                else if(S.list[mid].key<k) low=mid+1;
                    else high=mid-1;
        }
        return -1;          /*查找不成功*/
}
```

折半查找的平均查找长度为 $ASL_{bs} = \frac{n+1}{n}\log_2(n+1) - 1$。

(3)分块查找。

当顺序表中的数据元素个数非常大时,采用在顺序表上建立索引表的办法提高查找速度。把要在其上建立索引表的顺序表称作主表。主表中存放着数据元素的全部信息,索引表中只存放主表中要查找数据元素的主关键字和索引信息。

算法基本思想:将长度为 n 的表均匀地(实际也可不均匀,如字典的查找)分成若干块(b 块),每块有 s 个记录。块与块之间是有序的:第 i 块中的 key 值<第 i+1 块中的 key 值;(i=1,2,…,b-1);而块内记录可以是无序的。将每块中的最大关键字建立一个索引表:此表是有序的,故既可顺序,也可折半查找;每块内的记录只能进行顺序查找。

查找时,先确定待查记录所在的块,然后在块内顺序查找。

分块查找的平均查找长度:设 n 个记录,划分为 b 块,每块 s 个记录,则 b=n/s,设查找概率相等,若用顺序查找法查找块,则 $ASL = \frac{1}{b}\sum_{j=1}^{b} j + \frac{1}{s}\sum_{i=1}^{s} i = \frac{1}{2}(\frac{n}{s}+s)+1$。

二、动态查找表

1. ADT 定义

ADT Dynamic Search Table

数据元素:类型相同的 n 个数据元素(或记录)的集合,每个数据元素均含有可唯一标识数据元素的关键字。

结构:数据元素同属一个集合。

基本操作:设 DT 是一个动态查找表,

      InitDSTable(DT)   //初始化一个空表
      SearchDSTable(DT,k)   //查询关键字为 k 的记录是否在表中
      InsertDSTable(DT,d)   //插入记录 d
      DeleteDSTable(DT,k)   //删除关键字为 k 的记录
      TraverseDSTable(ST)   //按某种次序访问表中的所有元素

2. 查找方法

动态查找表的特点是,表结构是在查找过程中动态生成的,即对给定的关键字值 k,若表中存在关键字为 k 的记录,则查找成功返回,否则插入关键字等于 k 的记录。动态查找表包括各种树表(二叉排序树、平衡二叉树、B-树和 B+树)和哈希表。

(1)二叉排序树的查找。

通常,采用二叉链表作为二叉排序树的存储结构:

```
typedef struct node
    {   DataType data;
        struct node *leftChild;
        struct node *rightChild;
    } BiTreeNode;       /*结点结构*/
```

算法基本思想:当二叉排序树非空时,将要查找的关键字值 k 与根结点的关键字值进行比较:①相等,查找成功,返回所查结点的地址;②k 小于根结点的关键字值,沿左子树继续查找;③k 大于根结点的关键字值,沿右子树继续查找;若查完整棵树,还未查到,则查找不成功(返回 NULL)。

二叉排序树的查找算法:

```
BiTreeNode *BSTSearch(BiTreeNode *root,KeyType k)
        /*在二叉排序树 root 中非递归地查找关键字为 k 的数据元素*/
    {   BiTreeNode *p;
        p=root;
        while(p!=NULL)
        {   if(k==p->data.key) return p;        /*查找成功*/
            else if(k<p->data.key) p=p->leftChild;
            else p=p->rightChild;           }
        return p;       /*查找不成功,返回空指针*/      }
```

二叉排序树查找的平均查找长度:平均查找长度与树的深度成正比,由于二叉排序树是动态生成的,因此最坏情况下为 $O(n)$,一般情况下为 $O(\log_2 n)$。

平衡二叉树的查找与二叉排序树的查找相同。

(2)B-树的查找。

m 阶 B-树的结点类型说明如下:

```
#define m <B-树的阶>
typedef struct Node
    {   int keynum;                 /*结点中关键字个数*/
        struct Node *parent;        /*指向双亲结点*/
        KeyType key[m];             /*关键字向量,0号单元未用*/
        struct Node *ptr[m];        /*子树指针向量*/
        DataType  *recptr[m];       /*记录指针向量,0号单元未用*/
    }BTNode;                        /*B-树的结点类型*/
```

算法基本思想:假设结点中的关键字个数为 j,则当 j 比较大时,每个结点中的查找可选择折半查找算法;当 j 较小时,可采用顺序查找算法。设查找一个关键字值为给定的值 k 的记录,初始时,搜索指针 p 指向根结点,若 k 在 Node(p)中,则查找成功;否则:①若 $K_i<k<K_{i+1}$,其中 $1 \leqslant i<j$,则到结点 $Node(P_i)$ 中去继续查找;②若 $k>K_j$,查找转到 $Node(P_j)$继续进行;③若 $k<K_1$,查找转到 $Node(P_0)$继续进行。若指针 p=NULL,则查找失败,关键字为 k 的记录不在树中。

B-树的查找算法：

```
typedef struct
    { BTNode *pt;              /*指向找到的结点*/
      int i;                   /*1..m-1,在结点中的关键字序号*/
      int tag;                 /*为1,查找成功;为0,查找失败*/
    } Result;                  /*B-树的查找结果类型*/
Result SearchBTree(BTNode *T,KeyType k)
    /*在 m 阶 B-树 T 上查找关键字 k,返回结果(pt,i,tag)*/
    {
      BTNode *p,*q;   int i,found,j;
      p=T;   q=NULL;   found=0;   i=0;
      while (p&&!found)
          { j=p->keynum;   i=Search(p,k,j);      /*在 p->key[1..j]中查找*/
            if (i>0&&p->key[i]==k) found=1;      /*找到待查关键字*/
                else { q=p;p=p->ptr[i];   }
          }
      if (found) return (p,i,1);        /*查找成功*/
          else return (q,i,0);          /*查找不成功,返回 k 的插入位置信息*/
    }
```

B-树查找的平均查找长度：待查关键字所在结点在 B-树上的层次数是决定 B-树查找效率的首要因素。在含有 N 个关键字的 B-树上进行查找时，从根结点到关键字所在结点的路径上涉及的结点数不超过 $\log_{\lceil m/2 \rceil}(\frac{N+1}{2})+1$。

B+树的查找过程基本上与 B-树类似。

(3)哈希表的查找。

算法基本思想：给定 k 值，根据造表时设定的 Hash 函数求得哈希地址。若表中此位置上没有记录，则查找不成功；否则，比较关键字：若相等，则查找成功，若不等，则根据造表时设定的处理冲突的方法找下一地址，直至某一个位置上表空(查找不成功)或关键字比较相等(成功)或者表查完为止。

哈希表的查找算法(采用链地址法处理冲突)：

```
typedef struct chain
    { DataType data;
      struct chain *next;
    }ChainType;
ChainType *HashSearch(ChainType *ht[],KeyType k)
    /*在采用链地址法的哈希表 ht 中查找关键字 k,哈希函数为 hash(k) */
    { ChainType *p;   int i;
      i=hash(k);
      p=ht[i];
```

```
        while(p!=NULL&&p->data.key!=k)
            p=p->next;
        return p;      /*查找成功,返回所查记录结点的地址;否则,返回NULL*/
    }
```
哈希表的查找算法(采用线性探测开放定址法处理冲突):
```
typedef enum { Empty,Active,Deleted } KindOfItem;
typedef struct
    { DataType data;
      KindOfItem info;
    }HashItem;
typedef struct
    { HashItem *ht;
      int tableSize;
      int currentSize;
    }HashTable;
int Find(HashTable *hash,KeyType k)
    { int i=k % hash->tableSize;
      int j=i;
      while(hash->ht[j].info ==Active && hash->ht[j].data.key !=k)
            { j=(j+1) % hash->tableSize;
              if(j ==i) return - hash->tableSize;
            }
      if(hash->ht[j].info ==Active) return j;
      else return -j;
    }
```

哈希表的平均查找长度:若设定的哈希函数是"均匀的",一般情况下,对于处理冲突方法相同的哈希表,其平均查找长度主要依赖于装填因子 α。

更一般的方法是利用公式计算平均查找长度:ASL= $\sum_{i=1}^{n} P_i C_i$ 。

第二节 上机实习示例:二叉排序树的实现

【题目要求】

用二叉链表作为二叉排序树的存储结构,实现以下功能:

(1)输入一个整数数列,生成一棵二叉排序树。

(2)在二叉排序树中查找元素。

(3)在二叉排序树中插入元素。

(4)在二叉排序树中删除元素。
(5)对二叉排序树进行中序遍历,输出结果。

【设计思想】

程序功能结构如图6-1所示。用户通过主函数中设计的菜单选择,分别调用相应操作的函数。注意:首先必须生成二叉排序树,生成时输入的整数数列作为元素关键字值,且不能一样。

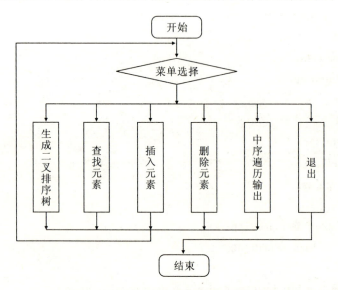

图6-1 实现二叉排序树的程序功能结构图

返回插入或删除位置的查找算法基本思想:与前述的查找算法相似,但为了方便插入和删除元素,必须增加一个指针,指向当前正在查找的结点的双亲,当查找结束后,返回该指针。

插入算法基本思想:输入元素关键字值k,查找二叉排序树中是否存在关键字值为k的结点,并带出插入位置;若不存在该结点,则进行插入;否则输出不能插入的信息。

生成算法基本思想:先将要生成的二叉排序树初始化为空,然后输入要插入的元素个数,并依次输入要插入的元素关键字值k,每输入一个k值就调用上面的插入算法进行插入。

删除算法基本思想:输入元素关键字值k,查找二叉排序树中是否存在关键字值为k的结点,并带出删除位置;若存在该结点,则删除之;否则输出无删除结点的信息。

【算法实现】

```
#include "stdio.h"
#include "stdlib.h"
#define KeyType int

typedef struct
  { KeyType key;    /*关键字域*/
  }DataType;


typedef struct node
```

```c
{ DataType data;
  struct node *leftChild;
  struct node *rightChild;
} BiTreeNode;           /*结点结构*/


//带出插入或删除位置的查找函数
BiTreeNode *BSTSearch (BiTreeNode *root,KeyType k,BiTreeNode **f)
    /*在二叉排序树 root 中查找关键字值为 k 的结点,带出插入或删除位置 f*/
{   BiTreeNode *p;
    (*f)=NULL;p=root;     /*f 指针保存 p 结点的双亲位置,初始为空*/
    while(p!=NULL)
    {
        if(k==p->data.key) return p;      /*查找成功*/
        else if(k<p->data.key)  { (*f)=p;p=p->leftChild;}
        else { (*f)=p;p=p->rightChild;}
    }
    return p;   /*查找不成功,返回空指针*/
}


//插入函数
int BSTInsert (BiTreeNode **root,KeyType k)
    /*在二叉排序树 root 中插入关键字值为 k 的结点*/
{   BiTreeNode *f,*s;        /*f 保存查找失败时的插入位置*/
    if(BSTSearch ((*root),k,&f)!=NULL)
    {   printf("查找成功,不能插入!");return 0;}
    else
    {
        if((s=(BiTreeNode *)malloc(sizeof(BiTreeNode)))==NULL)
            {   printf("\n 申请空间失败!");   return 0;}
        s->data.key=k;
        s->leftChild=NULL;
        s->rightChild=NULL;
        if(f==NULL) (*root)=s;      /*二叉排序树为空,s 作为根结点*/
        else if(s->data.key<f->data.key) f->leftChild=s;
        else f->rightChild=s;
        return 1;            /*成功插入,返回1*/
    }
}
```

```c
//生成二叉排序树函数
void BSTCreate (BiTreeNode **root)
    /*生成以 root 为根指针的二叉排序树*/
{   int i,n;
    DataType x;
    (*root)=NULL;
    printf("输入要插入的数据元素个数:");
    scanf("%d",&n);
    for (i=0;i<n;i++)
    {
        printf("输入要插入的数据元素:");
        scanf("%d",&x.key);
        BSTInsert(root,x.key);
    }
}


//删除函数
int BSTDelete (BiTreeNode **root,KeyType k)
    /*在二叉排序树 root 中删除关键字值为 k 的结点*/
{   BiTreeNode *p,*f,*s;       /*f 保存查找成功时的删除位置*/
    p=BSTSearch (*root,k,&f);
    if(p==NULL)         /*查找失败*/
    {   printf("查找失败,不能删除!");return 0;}
    /*查找成功,删除 p 结点*/
    if(f!=NULL)     /*删除的 p 结点不是根结点*/
    {
        if (f->leftChild==p)     /*p 是 f 的左孩子*/
        {
            if(!p->rightChild)
                f->leftChild=p->leftChild;   /*p 无右子树*/
            else if(!p->leftChild)
                f->leftChild=p->rightChild;   /*p 无左子树*/
            else                    /*p 无左、右子树*/
            {
                s=p->leftChild;
                while (s->rightChild!=NULL)
                    s=s->rightChild;
                f->leftChild=p->leftChild;
                s->rightChild=p->rightChild;
```

```
            }
        }
        else      /*p是f的右孩子*/
        {
            if(!p->rightChild)
                f->rightChild=p->leftChild;   /*p无右子树*/
            else if(!p->leftChild)
                f->rightChild=p->rightChild;  /*p无左子树*/
            else                     /*p有左、右子树*/
            {
                s=p->leftChild;
                while (s->rightChild!=NULL)
                    s=s->rightChild;
                f->rightChild=p->leftChild;
                s->rightChild=p->rightChild;
            }
        }
    }
    else    /*删除的p结点是根结点,则删除时需修改根指针*/
    {
        if(!p->rightChild)
            (*root)=p->leftChild;    /*p无右子树*/
        else if(!p->leftChild)
            (*root)=p->rightChild;   /*p无左子树*/
        else                     /*p有左、右子树*/
        {
            s=p->leftChild;
            while (s->rightChild!=NULL)
                s=s->rightChild;
            (*root)=p->leftChild;
            s->rightChild=p->rightChild;
        }
    }
    return 1;      /*成功删除,返回1*/
}

//中序遍历输出函数
void BSTInorder(BiTreeNode *root)
{
```

```
        if (root!=NULL)
        {
            BSTInorder(root->leftChild);
            printf("%d ",root->data.key);
            BSTInorder(root->rightChild);
        }
}

//主函数
void main( )
{
    BiTreeNode *root,*p,*f;
    DataType x;
    int i;
    while (1)
    {
        printf("\n---二叉排序树的实现---\n");
        printf("           1.生成二叉排序树\n");
        printf("           2.查找元素\n");
        printf("           3.插入元素\n");
        printf("           4.删除元素\n");
        printf("           5.中序遍历输出\n");
        printf("           6.退出\n");
        printf("请选择操作序号:");
        scanf("%d",&i);
        switch(i)
        {
            case 1: BSTCreate(&root);break;
            case 2: { printf("输入要查找的数据元素:");
                      scanf("%d",&x.key);
                      p=BSTSearch (root,x.key,&f);
                      if(p==NULL) printf("查找失败!\n");
                      else printf("查找成功!\n");
                      break;
                    }
            case 3: { printf("输入要插入的数据元素:");
                      scanf("%d",&x.key);
                      if(BSTInsert (&root,x.key))
                          printf("插入成功!\n");
```

```
            else printf("插入失败!\n");
            break;
          }
    case 4: { printf("输入要删除的数据元素:");
            scanf("%d",&x.key);
            if (BSTDelete (&root,x.key) )printf("删除成功!\n");
            else printf("删除失败!\n");
            break;
          }
    case 5: { printf("中序遍历二叉排序树的结果序列:");
            BSTInorder(root);
            printf("\n");
            break;
          }
    case 6: return;
    default: { printf("\n输入的操作序号非法,请重新输入:");
            scanf("%d",&i);            }
  }
 }
}
```

【测试数据及结果】

测试数据及方法为:首先根据提示输入10个数据:12,5,18,36,9,25,3,10,27,20,生成二叉排序树,接着中序遍历输出,查看结果是否正确。然后可分别选择进行查找、插入和删除操作。中序遍历输出可以在前面几个操作之后随时调用以查看结果是否正确。

测试结果为:

--------二叉排序树的实现--------

  1.生成二叉排序树

  2.查找元素

  3.插入元素

  4.删除元素

  5.中序遍历输出

  6.退出

请选择操作序号:1

输入要插入的数据元素个数:10

输入要插入的数据元素:12

输入要插入的数据元素:5

输入要插入的数据元素:18

输入要插入的数据元素:36

输入要插入的数据元素:9

输入要插入的数据元素:25
输入要插入的数据元素:3
输入要插入的数据元素:10
输入要插入的数据元素:27
输入要插入的数据元素:20

--------二叉排序树的实现--------
    1.生成二叉排序树
    2.查找元素
    3.插入元素
    4.删除元素
    5.中序遍历输出
    6.退出
请选择操作序号:5
中序遍历二叉排序树的结果序列:3 5 9 10 12 18 20 25 27 36

--------二叉排序树的实现--------
    1.生成二叉排序树
    2.查找元素
    3.插入元素
    4.删除元素
    5.中序遍历输出
    6.退出
请选择操作序号:2
输入要查找的数据元素:25
查找成功!

--------二叉排序树的实现--------
    1.生成二叉排序树
    2.查找元素
    3.插入元素
    4.删除元素
    5.中序遍历输出
    6.退出
请选择操作序号:2
输入要查找的数据元素:15
查找失败!

--------二叉排序树的实现--------

          1.生成二叉排序树
          2.查找元素
          3.插入元素
          4.删除元素
          5.中序遍历输出
          6.退出
    请选择操作序号:3
    输入要插入的数据元素:30
    插入成功!

          --------二叉排序树的实现--------
          1.生成二叉排序树
          2.查找元素
          3.插入元素
          4.删除元素
          5.中序遍历输出
          6.退出
    请选择操作序号:5
    中序遍历二叉排序树的结果序列:3 5 9 10 12 18 20 25 27 30 36

          --------二叉排序树的实现--------
          1.生成二叉排序树
          2.查找元素
          3.插入元素
          4.删除元素
          5.中序遍历输出
          6.退出
    请选择操作序号:3
    输入要插入的数据元素:12
    查找成功,不能插入!插入失败!

          --------二叉排序树的实现--------
          1.生成二叉排序树
          2.查找元素
          3.插入元素
          4.删除元素
          5.中序遍历输出
          6.退出
    请选择操作序号:4

输入要删除的数据元素:10
删除成功!

　　--------二叉排序树的实现--------
　　　　　1.生成二叉排序树
　　　　　2.查找元素
　　　　　3.插入元素
　　　　　4.删除元素
　　　　　5.中序遍历输出
　　　　　6.退出
请选择操作序号:5
中序遍历二叉排序树的结果序列:3 5 9 12 18 20 25 27 30 36

　　--------二叉排序树的实现--------
　　　　　1.生成二叉排序树
　　　　　2.查找元素
　　　　　3.插入元素
　　　　　4.删除元素
　　　　　5.中序遍历输出
　　　　　6.退出
请选择操作序号:4
输入要删除的数据元素:15
查找失败,不能删除!删除失败!

第三节　上机题目

题目1　顺序查找与折半查找的性能比较

【问题描述】

顺序查找与折半查找算法的时间复杂度分析结果只给出了算法执行时间的阶,试设计程序实现顺序查找与折半查找,通过统计两个算法的关键字比较次数,以取得直观感受。

【基本要求】

(1)设计查找表的存储结构。

(2)设计查找算法,对同一组实验数据实现查找。

(3)输入:查找表的数据个数和数据;以菜单方式选择顺序查找或折半查找中的一种,并输入想要查找的数据。

输出:若查找成功输出其位置和查找次数,若查找失败输出失败信息和查找次数。

【测试数据】

数据个数 n=10,顺序表中数据：12,5,18,36,9,25,3,10,27,20。分别查找 25 和 15,或通过随机数发生器得到测试数据。

【实现提示】

(1)采用顺序表存放查找表数据,设关键字类型为整型。

(2)可设计一个随机数发生器获得测试数据；由于折半查找要求数据是有序的,可设计一个创建有序顺序表的函数；设计一个顺序查找函数；设计一个折半查找函数；主函数中设计一个简单的菜单,根据用户选择分别调用顺序查找和折半查找算法。

题目 2 电话号码查询系统

【问题描述】

设计散列表实现电话号码查询系统。

【基本要求】

(1)设每个记录有下列数据项：电话号码、用户名、地址。

(2)从键盘输入各记录,分别以电话号码和用户名为关键字建立散列表。

(3)采用合适的方法解决冲突。

(4)查找并显示给定电话号码的记录。

(5)查找并显示给定用户名的记录。

【实现提示】

构造哈希函数时,要注意使其分布均匀。用户名的长度均不超过 20 个字符。字符的取码方法可直接利用 ord 函数。可先对过长的用户名作折叠处理。

【扩展内容】

(1)从几种哈希函数构造方法中选出适用者并设计几个不同的哈希函数,比较它们的地址冲突率。

(2)在哈希函数确定的前提下,尝试各种不同的处理冲突的方法,并比较平均查找长度的变化。

题目 3 教材的计算机管理问题

【问题描述】

教材管理包括教材的预订、采购、发放和日常管理等工作；经常要查询教材的库存量并做各类统计,为有关部门和任课教师提供他们需要了解的教材的名称、作者、单价和出版社、出版日期等信息。试设计一个系统实现对教材的计算机管理。

【基本要求】

该系统应包括以下功能：

(1)输入：新到教材的信息输入。

(2)查询或统计：按各种不同的项目进行查询或统计。

(3)删除：对已经发放完的书(库存量为零)的信息应该删除。

(4)修改：对发放了的书的库存量应及时修改。

(5)输出：根据需要打印各种报表。

【测试数据】
自己设计。
【实现提示】
建立一个表(文件)来保存教材信息,每本教材是一个数据元素(记录),包括的信息有:编号、教材名称、作者、出版社、出版日期、单价、使用专业、库存量等。
【扩展内容】
采用 B-树建立索引,加快查找速度。

第七章　内部排序

排序是将一个数据元素(或记录)的任意序列重新排列成一个按关键字有序的序列的操作过程。排序问题是应用软件设计中经常遇到的问题之一。排序方法有许多种,不同排序方法的特点不同。根据排序期间涉及的存储器的不同,可将排序方法分为内部排序和外部排序。本章主要以让学生熟练掌握各种内部排序算法并在实际中加以应用作为目标,通过具体的应用实例,引导学生把握各种内部排序算法思想和性能特点,学会根据实际应用情况选择合适的排序算法。

第一节　基本知识

排序的确切定义如下:

设含有 n 个记录的序列为 $\{R_0, R_1, \cdots, R_{n-1}\}$,其相应的关键字序列为 $\{K_0, K_1, \cdots, K_{n-1}\}$,将此 n 个记录按其关键字大小非递减(或非递增)的次序排列起来,成为一个有序序列,这样一种操作称为排序。

上述定义中的关键字可以是主关键字,也可以是次关键字。

由于待排序的记录数量不同,使得排序过程中涉及的存储器不同,可将排序方法分为内部排序和外部排序两大类。如果排序期间所有待排序记录均放在内存,则称为内部排序;如果待排序的记录数量很大,以致内存一次不能容纳全部记录,排序期间尚需对外存进行访问的排序过程,则称为外部排序。本节主要介绍各种内部排序方法,包括插入排序、选择排序、交换排序、归并排序和基数排序五大类。

如不作特别说明,本节算法中的记录类型均为如下定义的 DataType 类型,而且采用顺序存储结构。

```
typedef int KeyType;
typedef struct
    { KeyType key;        /*关键字域*/
      …                   /*其他数据域*/
    }DataType;
```

一、插入排序

1. 直接插入排序(Straight Insertion Sort)

基本思想:依次将每个记录插入到一个有序的子序列中去,插入后该记录序列仍是有序的。具体做法:先将待排序的记录序列中的第一个记录看成是一个有序子序列,然后从第二个记录起逐个进行插入,直至整个记录序列变成按关键字非递减有序的序列为止。

直接插入排序算法:
```
void InsertSort(DataType a[],int n)
    /*用直接插入排序法对 a[0]~a[n-1]排序*/
    {   int i,j;
        DataType temp;
        for(i=1;i<n;i++)
        {   temp=a[i];                  /*将要插入的记录暂存到 temp 中*/
            j=i-1;                      /*从有序子文件的最高位开始比较*/
            while(j>=0&&temp.key<a[j].key)
            {   a[j+1]=a[j];            /*将关键字>temp.key 的记录后移*/
                j--;
            }
            a[j+1]=temp;                /*插入到正确位置*/
        }
    }
```

2. 折半插入排序(Binary Insertion Sort)

由于直接插入排序的基本操作是在一个有序表中进行查找和插入,因此,这个"查找"操作可利用折半查找来实现,由此得到的插入排序称为折半插入排序。

基本思想:先将待排序的记录序列中的第一个记录看成是一个有序子序列,然后从第二个记录起依次将每个记录插入到一个有序的子序列中去,插入后该序列仍是有序的。但在查找插入位置时,不是采用顺序查找,而是采用折半查找。

折半插入排序算法:
```
void BInsertSort(DataType a[],int n)
    /*用折半插入排序法对 a[0]~a[n-1]排序*/
    {   int i,j,low,high,mid;
        DataType temp;
        for(i=1;i<n;i++)
        {   temp=a[i];                  /*将要插入的记录暂存到 temp 中*/
            low=0;high=i-1;
            while(low<=high)            /*在有序子序列中折半查找插入位置*/
            {   mid=(low+high)/2;
                if(temp.key<a[mid].key)   high=mid-1;
                else low=mid+1;
            }
            for (j=i-1;j>high;j--)
                a[j+1]=a[j];            /*将关键字>temp.key 的记录后移*/
            a[high+1]=temp;    /*插入*/
```

        }
    }

3. 希尔排序(Shell's Sort)

基本思想:希尔排序又称"缩小增量排序"(Diminishing Increment Sort)。其思想是将整个待排记录序列分割成为若干个小组,各小组分别进行直接插入排序;小组的个数逐次减少,直至个数为1(此时,序列中的记录达到基本有序,再进行一次直接插入排序就可得到有序序列)。

希尔排序算法:

```
void ShellInsert (DataType a[],int n,int dk)
    /*对 a[0]~a[n-1] 作一趟希尔插入排序。注意本算法与直接插入排序的区别*/
    {   int i,j;
        DataType temp;
        for(i=dk;i<n;i++)
        {   temp=a[i];                  /*将要插入的记录暂存到 temp 中*/
            j=i-dk;
            while(j>=0&&temp.key<a[j].key)
                {   a[j+dk]=a[j];       /*将关键字>temp.key 的记录后移*/
                    j -=dk;
                }
            a[j+dk]=temp;               /*插入到正确位置*/
        }
    }
void ShellSort (DataType a[],int n,int d[],int m)
    /*按增量序列 d[0]~d[m-1]对顺序表 a[0]~a[n-1] 作希尔排序*/
    {   int k;
        for(k=0;k<m;k++)
            ShellInsert (a,n,d[k])
    }
```

二、选择排序

1. 直接选择排序(Straight Selection Sort)

基本思想:在所有的记录中选出关键字最小的记录,把它与第一个记录交换存储位置,然后,再在余下的记录中选出关键字最小的记录与第二个记录交换存储位置。依此类推,直至所有的记录成为有序序列。

直接选择排序算法:

```
void SelectSort(DataType a[],int n)
    /*用直接选择排序法对 a[0]~a[n-1]排序*/
    {   int i,j,small;
        DataType temp;
        for(i=0;i<n-1;i++)
```

```
        {   small=i;                    /*用 small 保存关键字最小的记录下标*/
            for(j=i+1;j<n;j++)
                if(a[j].key<a[small].key) small=j;
            if(small!=i)   /*当最小记录的下标不为 i 时交换位置*/
            {   temp=a[i];
                a[i]=a[small];
                a[small]=temp;
            }
        }
    }
```

2. 堆排序(Heap Sort)

堆排序的基本思想:{$K_0, K_1, \cdots, K_{n-1}$}组成一棵完全二叉树,用筛选法建初始堆,输出堆顶元素(根结点)的最小(或最大)值后,使得剩余 n-1 个元素的序列重又建成一个堆,则得到 n 个元素中的次小(或次大)值,如此反复执行,便能得到一个有序序列。

(1)用筛选法建堆:从完全二叉树的序号为 i(i=⌊n/2⌋-1)的结点开始,使此结点为根的子树满足堆的定义;再 i=i-1,使 i 为根的子树也满足堆的定义。这时,可能要对结点的位置进行调整。如果在调整的过程中,使下一层已建成堆的子树不再满足堆的定义,则要继续进行调整,这种调整可能会一直延伸到叶子。

筛选算法:

```
void CreatHeap(DataType a[],int n,int h)
        /*本函数调整元素 a[h],使 a[h]~a[n-1]成为一个大顶堆*/
{   int i,j;
    DataType temp;
    i=h;
    j=2*i+1;         /*j 为 i 的左孩子的序号*/
    temp=a[i];
    while(j<n)
        {   if(j<n-1&&a[j].key<a[j+1].key)   j++;  /*寻找大孩子*/
            if(temp.key>a[j].key) break;           /*满足堆定义,结束筛选*/
            else { a[i]=a[j];                      /*将大孩子上移*/
                i=j;                               /*指示元素 a[h]在表中的位置(可能
                                                     还需筛选)*/
                j=2*i+1;
            }
        }
    a[i]=temp;                                     /*将 a[h]插入到应该在的位置*/
}
```

(2)堆排序的算法:先建初始堆(对 n 个结点产生堆的过程是从 i=⌊n/2⌋-1开始到0,组织循环,反复调用筛选算法),建好堆后,输出堆顶记录,再将第 n-1 个记录(堆中最后一个记录)移到堆顶位置。然后重新调整为堆,再输出,再移动。如此反复执行,直到输出全部记录为止(在实际操作中,可把堆顶记录与最后一个记录交换存储位置)。

堆排序算法:
```
void HeapSort(DataType a[],int n)
    /*用堆排序法对记录 a[0]～a[n-1]排序*/
    { int i;
      DataType temp;
      for(i=n/2-1;i>=0;i--)      /*将 a[0]～a[n-1]建成初始的大顶堆*/
          CreatHeap(a,n,i);
      for(i=n-1;i>0;i--)
          { /*交换堆顶记录与当前未经排序子序列的最后一个记录 a[i]的位置*/
            temp=a[0];
            a[0]=a[i];
            a[i]=temp;
            CreatHeap(a,i,0);   /*重新调整 a[0],使记录 a[0]～a[i-1]成为大顶堆*/
          }
    }
```

三、交换排序

1. 冒泡排序(Bubble Sort)

基本思想:首先将 R_0 与 R_1 的关键字进行比较,若 $K_0>K_1$,则交换 R_0 与 R_1 的位置,否则不交换。再将 R_1 与 R_2 的关键字进行比较,若 $K_1>K_2$,则交换 R_1 与 R_2 的位置,否则不交换。依次类推,直到 R_{n-2} 与 R_{n-1} 的关键字进行比较、交换后为止。经过这一趟排序,使得关键字最大的记录被安置在 R_{n-1} 的位置上。然后,对前 n-1 个记录进行同样的操作,直到进行了 n-1 趟或已没有记录需要交换为止。

冒泡排序算法:
```
void BubbleSort(DataType a[],int n)
    /*用冒泡排序法对 a[0]～a[n-1]排序*/
    { int i,j,flag=1;
      DataType temp;
      for(i=1;i<n&&flag==1;i++)
          { flag=0;
            for(j=0;j<n-i;j++)
                { if(a[j].key>a[j+1].key)
                    { flag=1;
                      temp=a[j];
                      a[j]=a[j+1];
                      a[j+1]=temp;
                    }
```

                }
            }
        }

2. 快速排序(Quick Sort)

基本思想:通过一趟排序将待排序的记录序列分成两部分,然后分别对这两部分进行排序以达到最后整个序列有序。具体做法:已知文件 $\{R_0, R_1, \cdots, R_{n-1}\}$,其关键字为 $\{K_0, K_1, \cdots, k_{n-1}\}$,先取 K_0 作为控制关键字。R_0 为支点(枢轴记录),设法把该记录放到序列中合适的位置上,使得这个记录右面的所有记录的关键字均大于或等于 K_0 ,这个记录左面的所有记录的关键字均小于或等于 K_0 ,待排记录序列分成了两个子序列。依此类推,对这两个子序列分别进行上述处理,直至排序完成为止(即每一部分只剩一个记录为止)。

快速排序算法:

```
void QSort(DataType a[],int low,int high)
       /*对记录 a[low]～a[high]作快速排序*/
    { int i,j;   DataType temp;
        i=low;   j=high;
        temp=a[low];   /*序列中的第一个记录作支点(枢轴记录)*/
        while(i<j)         /*待排记录序列长度大于1*/
          { while(i<j&&a[j].key>=temp.key) j--;
            if(i<j) { a[i]=a[j];   i++;}
            while(i<j&&a[i].key<=temp.key) i++;
            if(i<j) { a[j]=a[i];   j--;}
          }
        a[i]=temp;                        /*枢轴记录到位*/
        if(low<i-1) QSort(a,low,i-1);     /*对左边的子序列递归排序*/
        if(i+1<high) QSort(a,i+1,high);   /*对右边的子序列递归排序*/
    }
void QuickSort(DataType a[],int n)
    /*对 a[0]～a[n-1]作快速排序*/
    {
        QSort(a,0,n-1);
    }
```

四、归并排序

2-路归并排序思想:把 n 个记录的无序表看成是由 n 个只包含一个记录的有序子序列组成的表,然后两两归并,得到 $\lceil n/2 \rceil$ 个长度为 2 或 1 的有序子序列,再两两归并……,如此反复,直至得到一个长度为 n 的有序序列为止。

一趟 2-路归并排序算法:

void Merge(DataType a[],int n,DataType swap[ ],int k)

   /*对序列 a[0]～a[n-1]进行一趟二路归并排序,每个有序子序列的长度为 k*/

```
{ int i,j,l1,l2,u1,u2,m;
  m=0;  l1=0;
  while(l1+k<=n-1)
      { l2=l1+k;   u1=l2-1;
        u2=(l2+k-1<=n-1)?l2+k-1:n-1;
        /*将两个相邻的有序子序列进行归并*/
        for(i=l1,j=l2;i<=u1&&j<=u2;m++)
            if(a[i].key<=a[j].key)  { swap[m]=a[i];   i++;}
            else { swap[m]=a[j];    j++;}
        while(i<=u1)         /*子序列2已归并完*/
          { swap[m]=a[i];
            m++;
            i++;
          }
        while(j<=u2)         /*子序列1已归并完*/
        { swap[m]=a[j];
          m++;
          j++;
        }
          l1=u2+1;
      }
  /*若待归并的子序列数为奇数,则将最后一个子序列直接复制到swap中*/
  for(i=l1;i<n;i++,m++) swap[m]=a[i];
}
```

将一个无序表按2-路归并为一个有序表的算法:
```
void MergeSort(DataType a[],int n)
  /*用二路归并排序法对记录 a[0]~a[n-1]排序*/
  { int i,k;   DataType swap[n];
    k=1;                              /*归并长度由1开始*/
    while(k<n)
        { Merge(a,n,swap,k);
          for (i=0;i<n;i++)   a[i]=swap[i];   /*将记录从数组 swap 放回 a 中*/
          k=2*k;                      /*归并长度加倍*/
        }
  }
```

五、基数排序

基本思想:基数排序(Radix Sorting)是一种借助多关键字排序的思想对单逻辑关键字进行排序的方法。也就是,按组成关键字各数位的值进行排序的方法。

按照不同的"关键字次序"来排序,可将多关键字的排序分为最高位优先(Most Significant Digit First,MSD)法和最低位优先(Least Significant Digit First,LSD)法。下面介绍采用 LSD 法(分配、收集)实现基数排序。

算法思想:设立 r 个队列并初始化为空。①按最低位的值,把 n 个关键字分配到这 r 个队列中。②按从小到大的顺序将各队列中的关键字依次收集起来。这时,n 个关键字按最低位的值从小到大排好了次序。③再将 r 个队列置空,并按次低位的值把刚收集起来的关键字分配到 r 个队列中;然后重复上述收集工作。如此反复地进行分配和收集,直至最高位。这样,就得到了一个从小到大有序的关键字序列。

"链式基数排序"的实现:每个链队列设立两个指针:f[i]是队列的头指针,指向第一个进入队列的关键字,e[i]是队列的尾指针,指向当前队列中刚进入的关键字。

"链式基数排序"算法中以单链表存储 n 个待排记录,因此要对待排记录的存储结构重新进行定义,具体算法如下:

```
#define MaxNumOfKey 8              //关键字位数的最大值
#define Radix 10                   //关键字基数,此时是十进制整数的基数
typedef int KeyType;
typedef struct
    { KeyType key[MaxNumOfKey];    /*关键字域*/
      …                            /*其他数据域*/
    }DataType;
typedef struct Node
    {DataType data;
        struct Node *next;
    }SLNode;                       /*结点结构*/
SLNode *f[Radix],*e[Radix];        /*Radix 个链队列的头、尾指针用指针数组表示*/
void Distribute(SLNode *head,int i )
    /*将单链表 head 中记录按关键字的第 i 位的值进行分配*/
{ int j,k;   SLNode *p=head;       /*搜索指针 p 指向单链表中第一个结点*/
    for (j=0;j<Radix;j++) f[j]=NULL;  /*初始化空队列*/
    for (p=head;p!=NULL;p=p->next )
        { k=p->data.key[i];        /*获得 p 所指结点的关键字第 i 位的值 k*/
          if (f[k]==NULL) f[k]=p;
              else e[k]->next=p;
          e[k]=p;                  /*将 p 所指结点插入到第 k 个队列中*/
        }
}
void Collect(SLNode **head)
/*按 f[0]~f[Radix-1]的顺序对非空队列依次进行收集,使之重新链接成单链表 head*/
{ int j;   SLNode *t;
    for (j=0;f[j]==NULL;j++);      /*找第一个非空队列*/
```

```
    (*head)=f[j];    t=e[j];           /*head 指向第一个非空队列中的第一个结点*/
    while (j<Radix)
    { for (j=j+1;j<Radix -1&&f[j]==NULL;j++);           /*找下一个非空队列*/
      if (j<Radix&&f[j]!=NULL) { t ->next=f[j];t=e[j];}    /*链接两个非空队列*/
    }
    t ->next=NULL;     /*t 指向最后一个非空队列中的最后一个结点*/
}
void RadixSort(SLNode *head,int KeyNum)
  /*对关键字位数为 KeyNum 的单链表 head 作基数排序*/
{ int i;
  for (i=KeyNum -1;i>=0;i- -)     /*按最低位优先依次对各关键字进行分配和收集*/
    { Distribute(head,i );
      Collect(&head);
    }
}
```

六、各种内部排序算法的比较

将各种内部排序算法从时间、空间和稳定性方面进行比较,结果如表 7-1 所示。

表 7-1 各种内部排序算法比较

排序方法	最好时间	平均时间	最坏时间	辅助空间	稳定性
直接插入排序	$O(n)$	$O(n^2)$	$O(n^2)$	$O(1)$	稳定
希尔排序		$O(n^{1.3})$		$O(1)$	不稳定
直接选择排序	$O(n^2)$	$O(n^2)$	$O(n^2)$	$O(1)$	不稳定
堆排序	$O(n\log_2 n)$	$O(n\log_2 n)$	$O(n\log_2 n)$	$O(1)$	不稳定
冒泡排序	$O(n)$	$O(n^2)$	$O(n^2)$	$O(1)$	稳定
快速排序	$O(n\log_2 n)$	$O(n\log_2 n)$	$O(n^2)$	$O(n\log_2 n)$	不稳定
归并排序	$O(n\log_2 n)$	$O(n\log_2 n)$	$O(n\log_2 n)$	$O(n)$	稳定
基数排序	$O(d(n+r))$	$O(d(n+r))$	$O(d(n+r))$	$O(n+r)$	稳定

第二节 上机实习示例:直接插入排序基于单链表的实现

【题目要求】

用单链表作为待排数据的存储结构,在其上实现直接插入排序算法。要求:

(1)数据表采用单链表存储。

(2)排序结果要求非递减有序,算法的空间复杂度为 O(1)。

(3)输入数据可以键盘输入、文件读入或程序中随机生成;要求输出原始数据表和已排好序的数据表。

【设计思想】

直接插入排序的基本思想是将待排记录依次插入到已排好序的子文件中,使得插入后的文件仍然有序。初始时,可以将第一个记录看成是一个有序子文件,然后从第二个记录开始依次插入后面的各个记录。

当采用单链表做存储结构时,可以先将第一个结点作为有序单链表中的结点,然后从第二个结点开始,直至表尾结点,每取一个结点就到前面的有序单链表中查找其合适的插入位置,然后进行插入操作。

【算法实现】

具体实现时,用带头结点的单链表 h 作为存储结构,根据单链表的插入和删除特点,可以设 4 个工作指针:p、pre、curr、s。其中,指针 curr 指向将要插入的结点,指针 s 指向 curr 的后继,是 curr 插入之后下一个即将插入的结点;指针 p 作为搜索指针,指向 curr 结点要插入的位置,初始时指向第一个结点,指针 pre 指向 p 的前驱,初始时指向头结点。

插入的主要工作是定位插入位置和结点插入。具体的实现算法如下:

```c
#include "stdio.h"
#include "stdlib.h"
#include "string.h"

typedef int KeyType;

typedef struct
{
    KeyType key;        /*关键字域*/
    char flag[20];      /*名称,非关键字域*/
}DataType;

typedef struct Node
{
    DataType data;
    struct Node *next;
}SLNode;   /*结点结构*/

//单链表中的直接插入排序函数
void SLInsertSort(SLNode *h)
/*将带头结点的单链表 h 中的结点按照直接插入排序的思想,在原表的结点空间中进行
  非递减有序排列*/
{
```

```
    SLNode *p,*pre,*curr,*s;
    curr=h->next;
    if(curr==NULL) return;
    p=curr;
    curr=curr->next;
    p->next=NULL;
    while (curr!=NULL)
    {
        s=curr->next;
        pre=h;
        p=h->next;
        while (p!=NULL&&curr->data.key>p->data.key)
        { pre=p;
          p=p->next;
        }
        curr->next=p;
        pre->next=curr;
        curr=s;
    }
}
//创建单链表函数
void SLCreate(SLNode **h)
    /*用尾插法建立带头结点的单链表h*/
{
    SLNode *p,*s;
    DataType x;
    if ((((*h)=(SLNode *)malloc(sizeof(SLNode)))==NULL)
        { printf("overflow!");    return;}
    s=(*h);
    printf("请输入要排序的元素序列(输入9999结束):\n");
    scanf(" % d",&x.key );
    scanf(" % s",x.flag );
    while(x.key !=9999)
    {
        if ((p=(SLNode *)malloc(sizeof(SLNode)))==NULL)
        { printf("overflow!");        return;        }
        p->data.key =x.key;
        strcpy(p->data.flag ,x.flag );
        s->next=p;
```

```
            s=p;
            scanf("%d",&x.key);
            scanf("%s",x.flag);
        }
        s->next=NULL;
    }

//输出函数
void SLprint(SLNode *h)
    /*输出带头结点的单链表h中的结点值*/
    {
        SLNode *p;
        if (h->next==NULL)
        { printf("空表!");   return;   }
        p=h->next;
        printf("单链表中的元素序列:\n");
        while (p!=NULL)
        {
            printf("%d %s\n",p->data.key,p->data.flag);
            p=p->next;
        }
        printf("\n");
    }

//主函数
void main( )
    {
        SLNode *h;
        int i;
        while (1)
        {
            printf("\n--------直接插入排序基于单链表的实现--------\n");
            printf("            1.创建单链表\n");
            printf("            2.按非递减排序\n");
            printf("            3.输出单链表元素\n");
            printf("            4.退出\n");
            printf("\n请选择操作序号:");
            scanf("%d",&i);
            switch(i)
```

```
            {
                case 1: SLCreate (&h); break;
                case 2: SLInsertSort(h); break;
                case 3: SLprint(h); break;
                case 4: return;
                default: {   printf("\n 输入的操作序号非法,请重新输入:");
                             scanf("%d\n",&i);    }
            }
        }
    }
```

【测试数据及结果】

测试数据的设计要考虑到以下几种情况:空表、只有一个元素、正序序列、逆序序列、随机序列。

测试方法为:选择1,根据提示输入待排数据,创建单链表;选择3,输出单链表中元素查看创建结果是否正确;然后选择2,对单链表中元素进行排序,再选择3,输出排序后的单链表元素,查看排序结果是否按照非递减有序排列。

逆序序列的测试数据及结果为:

--------直接插入排序基于单链表的实现--------
      1.创建单链表
      2.按非递减排序
      3.输出单链表元素
      4.退出

请选择操作序号:1
请输入要排序的元素序列(输入9999结束):
9 AAA
7 BBB
5 CCC
3 DDD
1 EEE
9999 END

--------直接插入排序基于单链表的实现--------
      1.创建单链表
      2.按非递减排序
      3.输出单链表元素
      4.退出

请选择操作序号:3

单链表中的元素序列：

9 AAA

7 BBB

5 CCC

3 DDD

1 EEE

--------直接插入排序基于单链表的实现--------
    1.创建单链表
    2.按非递减排序
    3.输出单链表元素
    4.退出

请选择操作序号:2

--------直接插入排序基于单链表的实现--------
    1.创建单链表
    2.按非递减排序
    3.输出单链表元素
    4.退出

请选择操作序号:3

单链表中的元素序列：

1 EEE

3 DDD

5 CCC

7 BBB

9 AAA

随机序列的测试数据及结果为：

--------直接插入排序基于单链表的实现--------
    1.创建单链表
    2.按非递减排序
    3.输出单链表元素
    4.退出

请选择操作序号:1
请输入要排序的元素序列(输入9999结束)：

2 AAA
0 BBB
7 CCC
9 DDD
5 EEE
8 FFF
9999 END

　　　--------直接插入排序基于单链表的实现--------
　　　　　1.创建单链表
　　　　　2.按非递减排序
　　　　　3.输出单链表元素
　　　　　4.退出

请选择操作序号:3
单链表中的元素序列:
2 AAA
0 BBB
7 CCC
9 DDD
5 EEE
8 FFF

　　　--------直接插入排序基于单链表的实现--------
　　　　　1.创建单链表
　　　　　2.按非递减排序
　　　　　3.输出单链表元素
　　　　　4.退出

请选择操作序号:2

　　　--------直接插入排序基于单链表的实现--------
　　　　　1.创建单链表
　　　　　2.按非递减排序
　　　　　3.输出单链表元素
　　　　　4.退出

请选择操作序号:3
单链表中的元素序列:

0 BBB
2 AAA
5 EEE
7 CCC
8 FFF
9 DDD

第三节　上机题目

题目1　内部排序算法的性能分析与比较

【问题描述】

各种内部排序算法的时间复杂度分析结果只给出了算法执行时间的阶,或大概执行时间。试通过随机的数据比较各算法的关键字比较次数和关键字移动次数,以取得直观感受。

【基本要求】

(1)对以下9种常用的内部排序算法进行比较:直接插入排序;折半插入排序;希尔排序;冒泡排序;快速排序;简单选择排序;堆排序;归并排序;基数排序。

(2)待排序表的表长不少于100;其中的数据要用伪随机数产生程序产生;至少要用5组不同的输入数据作比较;比较的指标为有关关键字参加的比较次数和关键字的移动次数(关键字交换计为3次移动)。

【测试数据】

由随机数产生器决定。

【实现提示】

主要工作是设法在程序中适当的地方插入计数操作。程序还可以包括计算几组数据均值的操作。最后要对结果做出简单分析,包括对各组数据得出结果波动大小的解释。注意分块调试的方法。

【扩展内容】

对不同的输入表长作试验,观察检查两个指标相关于表长的变化关系。还可以对稳定性作验证。

题目2　选票统计程序的设计

【问题描述】

设一次选举有n个候选人,设计一种选票格式及计票程序,统计所有选票数量、每个候选人的得票数和得票率,将候选人按照得票数降序排列并输出。

【基本要求】

(1)如果不限定候选人数,设计一种合理的数据结构。

(2)输入信息包括候选人数n及选票信息,输出信息应包含每个候选人的得票数和得票率,并按照得票数降序排列。

【测试数据】

由用户自己设计。

题目3 学生运动会成绩统计

【问题描述】

学生运动会成绩统计系统,记录某校运动会上全部运动项目、各学院获得的分数及排名情况,包括 50 米、100 米、400 米、800 米、1 500 米、跳高、跳远、铅球、铁饼等。

【基本要求】

(1)以菜单形式提供用户选择系统功能。

(2)进入系统后可以输入和修改某个项目的比赛结果情况,可以按各院系编号输出总分;按总分排序;按男团体总分排序;按女团体总分排序;按院系编号查询;按项目编号查询。

(3)输入:院系数,男子项目数,女子项目数,每个项目的比赛结果(每项目取前三名,积分分别为 10 分、5 分、2 分),输出:各院系的总分以及排名情况。

【测试数据】

由用户自己设计。

第八章 数据结构课程设计

第一节 数据结构课程设计要求

数据结构是一门实践性较强的软件基础课程,为了学好这门课程,必须在掌握理论知识的同时,加强上机实践。数据结构课程设计的目的就是要达到理论与实际应用相结合,使学生能够根据数据对象的特性,学会数据组织的方法,能把现实世界中的实际问题在计算机内部表示出来,并培养基本的、良好的程序设计技能。

通过数据结构课程设计,要求学生在数据结构的逻辑特性和物理表示、数据结构的选择和应用、算法的设计及其实现等方面加深对课程基本内容的理解。能够运用所学知识,解决现实世界中的实际问题。同时,在程序设计方法以及上机操作等基本技能和科学作风方面受到比较系统和严格的训练。

课程设计的内容选择与实际应用结合紧密的较综合性的题目,难度应大于课程内的上机实习题目。

数据结构课程设计的成绩考核由3个部分综合评定,其中,平时表现占30%,上机演示程序占40%,课程设计报告占30%。

数据结构课程设计的教学程序及时间分配如表8-1所示。

表8-1 数据结构课程设计安排表

教学程序	学时(天)	教学内容
明确课程设计任务,做好上机前准备工作	课程设计前一周	要求学生选定一组题目;明确题目要求、确定数据结构;进行算法设计,并分析算法复杂度;编写程序,准备测试数据等
上机调试程序	10天	指导学生上机调试程序,实现所选题目的要求
演示程序,撰写报告	课程设计最后2天	学生上机演示程序,回答教师提问;撰写课程设计报告

第八章　数据结构课程设计　　　　　　　　　　·127·

第二节　数据结构课程设计示例：计算命题演算公式的真值

【题目要求】

所谓命题演算公式是指由逻辑变量(其值为 TRUE 或 FALSE)和逻辑运算符 ∧ (AND)、∨ (OR)和⌐(NOT)按一定规则所组成的公式(蕴含之类的运算可以用 ∧、∨ 和⌐来表示)。公式运算的先后顺序为⌐、∧、∨，而括号( )可以改变优先次序。已知一个命题演算公式及各变量的值，要求设计一个程序来计算公式的真值。

基本要求：

(1)程序运行有菜单选择。

(2)利用二叉树来计算公式的真值。首先利用堆栈将中缀形式的公式变为后缀形式；然后根据后缀形式，从叶结点开始构造相应的二叉树；最后按后序遍历该树，求各子树之值，即每到达一个结点，其子树之值已经计算出来，当到达根结点时，求得的值就是公式之真值。

(3)逻辑变元的标识符不限于单字母，而可以是任意长的字母数字串。

(4)根据用户的要求显示表达式的真值表。

【设计思想】

此题主要使用堆栈和二叉树两种数据结构，定义了如下三种数据类型：

```
/*存储字符元素的堆栈*/
typedef char DataType;
typedef struct
{
    DataType stack[Maxsize];
    int top;
} SeqStack;
/*定义二叉树结点结构*/
typedef struct Node
{
    char var[20];    //存储公式中的变量名
    int value;       //存储公式中变量对应的值
    struct Node *leftChild;    //左孩子结点
    struct Node *rightChild;   //右孩子结点
}BTree;
/*存储二叉树结点的指针的堆栈*/
typedef   struct
{
    BTree * stack [Maxsize];
    int   top;// 栈顶指针
} BTreeStack;
```

根据题目要求,命题演算公式的求值可以分为三大步骤:首先,中缀表达式转换为后缀表达式;接着,由后缀表达式构建对应的二叉树;然后,根据二叉树求值。

1. 中缀转换为后缀

题目要求逻辑变元的标识符不限于单字母,可以是任意长的字母数字串,而且同一个逻辑变元(操作数)至命题演算公式中可能出现多次,因此,在中缀转换为后缀之前,先做一些预处理。

首先,GetExpression( )函数用于接收用户从键盘输入的命题演算公式的字符串,并检查公式中的括号是否匹配正确,若不正确,重新输入,程序中逻辑运算符∧(AND)、∨(OR)和⌐(NOT)在输入时用'&'、'|'、'!'代替;接着,MakeMiddleExpression( )函数通过对公式字符串的解析,识别出公式中的操作数和运算符,存储在字符串数组 MiddleExpression 中,同时,统计中缀表达式中操作数和运算符的总个数,统计中缀表达式中不同的操作数的个数。

命题演算公式的中缀转换为后缀所依赖的规则是逻辑运算法则,故需确定逻辑运算符(与、或、非)和分界符(左括号、右括号、'#')组成的符号集合的元素之间的优先级关系。中缀转换为后缀的算法借助于堆栈设计,具体思想为:

(1)运算符栈 S 初始化为空栈,表达式起始符'#'入栈。

(2)While (中缀表达式未扫描完)。

依次读入表达式的一个字符;

① 若是操作数,直接发送给后缀式;

② 若是运算符 x2,则与运算符栈中的栈顶元素 x1

   比较优先级:

   '>': push(S, x2)

   '<': pop(S)并输出到后缀式,再转②

   '=='且 x1=='(' 且 x2==')': pop(S)

在转换为后缀的过程中,统计后缀表达式中操作数和运算符的总数。当'#'与'#'相遇时,转换结束,输出后缀表达式。

2. 根据后缀表达式创建二叉树

将后缀表达式转变为一棵表达式二叉树借助于存储二叉树结点的指针的堆栈设计算法。主要思想为一次一个元素(包括操作数和运算符)地读入后缀表达式:

(1)如果读入的是运算符,则判断是单目运算符(逻辑非)还是双目运算符(逻辑与、逻辑或):如果是单目运算符,则弹出栈顶指针,作为逻辑非的右子树,形成一棵新的单枝树,然后将这棵新树的指针压入堆栈;如果是双目运算符,则执行两次出栈操作,第一次出栈的栈顶指针作为双目运算符的右孩子,第二次出栈的栈顶指针作为双目运算符的左孩子,并将新生成的树的指针压入堆栈。

(2)如果读入的是操作数,则生成一个叶子结点,并将指向它的指针压入堆栈。

创建好二叉树后,定义并调用打印二叉树函数和后序遍历二叉树函数。

3. 根据表达式二叉树求值

表达式求值分为两种方式:用户输入一组变量的取值,计算结果;打印所有变量取值情况的真值表。这两种方式实现的核心函数是 GetValue( )函数。GetValue( )函数采用的是递归算法：
```
int GetValue(BTree * T )
{   int leftChildValue,rightChildValue,value;
    char c;
    if (T!=NULL)
    {   c=T->var[0];
        if (c=='!'||c=='&'||c=='|')
        {   switch (c)
            {
            case '!':
                rightChildValue=GetValue(T->rightChild);
                if(rightChildValue ==1) {value=0;T->value=value;}
                else {value=1;T->value=value;}
                break;
            case '&':
                leftChildValue=GetValue(T->leftChild);
                rightChildValue=GetValue(T->rightChild);
                value=leftChildValue && rightChildValue;
                T->value=value;
                break;
            case '|':
                leftChildValue=GetValue(T->leftChild);
                rightChildValue=GetValue(T->rightChild);
                value=leftChildValue||rightChildValue;
                T->value=value;
                break;
            }
        }
        else
        {   T->value   =ValueArray[Index(VarArray,VariableNum,T->var )];
            value=T->value;
        }
    }
    return value;
}
```

【算法实现】
/*========本程序一共建立了五个文件========*/
/*==========第一个文件:SeqStack.h===========*/
/*=====================================*/

```c
#include <string.h>
typedef char DataType;

typedef struct
{
    DataType stack[Maxsize];
    int top;
} SeqStack;

void StackInitiate (SeqStack *S)
{
    S->top=0;
}

int StackNotEmpty (SeqStack S)
{
    if (S.top<=0)
        return 0;
    else
        return 1;
}

int StackTop(SeqStack S,DataType *x)
{
    if(S.top<=0)//判栈非空否,栈空异常退出
    {
        printf ("The Stack is NULL\n");
        return 0;
    }
    else
    {
        *x=S.stack[S.top-1];
        return 1;
    }
}

int StackPush (SeqStack *S,DataType x)
{
    if (S->top>=Maxsize)
```

```c
        return 0;//判栈满否,栈满异常退出
    else
    {
        S ->stack [S ->top]=x;
        S ->top++;
        return 1;
    }
}

int StackPop (SeqStack * S,DataType *x)
{
    if (S ->top<=0)//判栈非空否,栈空异常退出
        return 0;
    else
    {
        S ->top - -;
        *x=S ->stack[S ->top];
        return 1;
    }
}

/*=========第二个文件:BTree.h==========*/
/*===============================*/
# include <malloc.h>
# include <string.h>

/*定义二叉树结点结构*/
typedef struct Node
{
    char var[20];    //存储公式中的变量名
    int value;       //存储公式中变量对应的值
    struct Node *leftChild;    //左孩子结点
    struct Node *rightChild;   //右孩子结点
}BTree;

/*初始化二叉树操作*/
void BTreeInitiate(BTree **root)
{
    *root=NULL;
```

}

/*销毁二叉树操作*/
void BTreeDestory(BTree *curr)
{
    BTree *p;
    if (curr !=NULL)
    {
        if (curr ->leftChild !=NULL)
        {
            p=curr ->leftChild;
            BTreeDestory(curr ->leftChild);
        }
        if (curr ->rightChild !=NULL)
        {
            p=curr ->rightChild;
            BTreeDestory(curr ->rightChild);
        }
        free(curr);
    }
}

/*=========第三个文件:BTreeStack.h=========*/
/*================================*/
#include "BTree.h"

typedef struct
{
    BTree * stack [Maxsize];// 堆栈中存储的元素为二叉树结点的指针类型
    int top;// 栈顶指针
} BTreeStack;

/*初始化*/
void BTStackInitiate (BTreeStack *S)
{
    S->top=0;
}

/*判断堆栈是否非空,如果非空返回1,如果空返回0*/

```
int BTStackNotEmpty (BTreeStack S)
{
    if (S.top<=0)
        return 0;
    else
        return 1;
}

/*读取堆栈栈顶元素*/
int BTStackTop(BTreeStack S,BTree *x)
{
    if(S.top<=0)/*判栈非空否,栈空异常退出*/
    {
        printf ("The Stack is NULL\n");
        return 0;
    }
    else
    {
        x=S.stack[S.top-1];
        return 1;
    }
}

/*将指向二叉树结点的指针压入堆栈*/
int BTStackPush (BTreeStack * S,BTree *x)
{
    if (S->top>=Maxsize)
        return 0;/*判栈满否,栈满异常退出*/
    else
    {
        S->stack [S->top]=x;
        S->top++;
        return 1;
    }
}

/*出栈操作,返回值为二叉树结点的指针*/
BTree * BTStackPop (BTreeStack * S)
{
```

```
        BTree * x;
        if (S->top<=0)/*判栈非空否,栈空异常退出*/
            return NULL;
        else
        {
            S->top--;
            x=S->stack[S->top];
            return x;
        }
}

/*获取堆栈的长度*/
int BTStackLen(BTreeStack S)
{
    return S.top;
}

/*=========第四个文件:Calculate.h========*/
/*=============================*/
#include <stdlib.h>
#include <string.h>
#define Maxsize 100
#include "SeqStack.h"
#include "BTreeStack.h"

char Expression[Maxsize];    //保存最初输入的公式字符串

char MiddleExpression[Maxsize][20];    //保存中缀表达式

int OPNum;    //用于统计中缀表达式中操作数和操作符的总数

int PostfixLen;    //用于统计后缀表达式中操作数和操作符的总数

int VariableNum;    //用于统计公式中不同的变量名的个数

char VarArray[Maxsize][20];    //保存命题公式中不同的变量名

int ValueArray[Maxsize];//保存命题公式中不同的变量名对应的真值(1或0)
```

```
char PostfixExpression[Maxsize][20];        //保存后缀表达式

BTree * T;//二叉树树根

/*判断字符是否为五种操作符之一*/
int IsSign(char c)
{
    if(c=='!'||c=='|'||c=='&'||c=='('||c==')') return 1;
    return 0;
}

/*判断字符是否为六种算符之一,相对 IsSign 函数增加了分界符'#'的判断*/
int IsOperator(char c)
{
    if(c=='!'||c=='|'||c=='&'||c=='('||c==')'||c=='#') return 1;
    return 0;
}

/*isp 和 icp 函数用于定义算符优先级*/
int isp(char optr)
{
    switch (optr)
    {
        case '(': return 1;
        case '!': return 7;
        case '&': return 5;
        case '|': return 3;
        case ')': return 8;
        default:return 0;
    }
}

int icp(char optr)
{
    switch (optr)
    {
        case '(': return 8;
        case '!': return 6;
        case '&': return 4;
```

```
            case '|': return 2;
            case ')': return 1;
            default:return 0;
        }
    }

/*检测输入的表达式括号是否正确匹配*/
int JudgeExpCorrect(char exp[])
{
    SeqStack S;
    int i=0;
    char c;

    StackInitiate(&S);

    while(exp[i]!='#')        /*表达式没读完时,执行 while 循环*/
    {
            if(exp[i]=='(')
                StackPush(&S,exp[i]);   /*遇到左括号'('将其进栈*/
            else if(exp[i]==')'&&StackNotEmpty(S)&&StackTop(S,&c)&&c=='(')
                StackPop(&S,&c);/*栈顶元素为'('且当前元素为')'时出栈,继续读下面
                    的字符*/
            else if (exp[i]==')'&&StackNotEmpty(S)&&StackTop(S,&c)&&c!='(')   /*栈顶
                元素不为'('且当前元素为')'时,输出"左右括号不匹配",退出重新输入*/
            {
                    printf("左右括号不匹配!\n");
                    return 0;
            }
            else if((exp[i]==')')&&!StackNotEmpty(S))   /*当前元素为')'但是堆栈已空时
                候,输出"右括号多于左括号",退出程序重新输入*/
            {
                    printf("右括号多于左括号!\n");
                    return 0;
            }
            i++;
    }

    if(StackNotEmpty(S))
    /*此时若堆栈非空,则输出'左括号多于右括号',退出程序重新输入*/
```

```c
    {
        printf("左括号多于右括号!\n");
        return 0;
    }
    printf("左右括号匹配正确\n");    /*若此时堆栈为空,括号匹配正确 */
    return 1;
}

/*输入命题演算公式,并检查括号是否正确匹配*/
void GetExpression( )
{
    printf("输入命题演算公式(与-'&',或-'|',非-'!',输入'#'结束):\n");
    scanf("%s",Expression);
    int flag;
    flag=JudgeExpCorrect(Expression);
    while (!flag)
    {
        printf("输入不正确,请重新输入:\n");
        scanf("%s",Expression);
        flag=JudgeExpCorrect(Expression);
    }
}

/*检查字符串 c 是否在字符串数组 Array 中存在,存在返回1,不存在返回0*/
int CheckExist(char Array[][20],int n,char c[20])
{
    int i;
    for(i=0;i<n;i++)
        if (strcmp(Array[i],c)==0)
            return 1;
    return 0;
}

/*将字符串 c 在字符串数组 Array 中定位,存在返回位置下标,不存在返回-1*/
int Index(char Array[][20],int n,char c[20])
{
    int i;
    for(i=0;i<n;i++)
        if (strcmp(Array[i],c)==0)
```

```
            return i;
    printf("变量不存在,出错!\n");
    return -1;
}

/*由于变量名可能为一个字母,也可能为多个字母,此函数的功能是把输入的命题公式的
  字符串进行解析,解析为由操作数和运算符组成的中缀表达式*/
void MakeMiddleExpression( )
{
    int i,ExpLen,index;
    ExpLen=strlen(Expression);
    VariableNum=0;
    OPNum=0;
    i=0;
    while (i<ExpLen)
    {
        if (IsOperator(Expression[i]))
        {
            MiddleExpression[OPNum][0]=Expression[i];
            i++;
            OPNum++;
        }
        else
        {
            index=0;
            MiddleExpression[OPNum][index]=Expression[i];
            i++;
            while (i<ExpLen)
                if (!IsOperator(Expression[i]))
                {
                    MiddleExpression[OPNum][++index]=Expression[i];
                    i++;
                }
                else
                    break;
            /*统计公式中不同变量的个数,剔除相同的变量的数目*/
            if (VariableNum==0)
            {
```

```
                strcpy(VarArray[VariableNum],MiddleExpression[OPNum]);
                VariableNum++;

            }

            if (VariableNum>=1)
            {
                if (!CheckExist(VarArray,VariableNum,MiddleExpression[OPNum]))
                {
                    strcpy (VarArray[VariableNum],MiddleExpression[OPNum]);
                    VariableNum++;
                }
            }
            OPNum++;
        }
    }

    printf("中缀表达式为:\n");
    for(i=0;i<OPNum;i++)
        printf("%s   ",MiddleExpression[i]);
}

/*中缀表达式转换为后缀表达式*/
void MiddleToPostfix( )
{
    SeqStack OperatorStack;//设置运算符堆栈
    StackInitiate(&OperatorStack);
    StackPush(&OperatorStack,'#');

    int i=0,j=0;
    char x1,x2,e;

    while (i<OPNum && StackNotEmpty(OperatorStack))
    {
        x2=MiddleExpression[i][0];     //读入中缀表达式的一个单词
        if (!IsOperator(x2))    /*如果 x2 为操作数,则直接作为后缀表达式的一部分输出*/
        {
            strcpy(PostfixExpression[j++],MiddleExpression[i]);
            i++;
```

```c
            }
            else
            {
                StackTop(OperatorStack,&x1);
                while (isp(x1)>icp(x2))
                    {
                            StackPop(&OperatorStack,&x1);
                            PostfixExpression[j++][0]=x1;
                            StackTop(OperatorStack,&x1);
                    }
                if (isp(x1)<icp(x2))
                {
                        StackPush(&OperatorStack,x2);
                }

                    if (x1=='('&& x2==')')
                        StackPop(&OperatorStack,&e);
                    if ( x1=='#' && x2=='#')
                    {
                            printf("两个'#'相遇,转换结束\n");
                            break;
                    }

                i++;
            }
        }

    printf("中缀转换为后缀式:\n");
        for(i=0;i<j;i++)
            printf("%s   ",PostfixExpression[i]);
        PostfixLen=j;
    }


    /*根据转换得到的后缀表达式构建二叉树*/
    BTree * MakeBTree( )
    {
        BTree *p;
        BTreeStack BTStack;
```

```c
BTStackInitiate(&BTStack);

int i;
char c;

for(i=0;i<PostfixLen;i++)
{
    c=PostfixExpression[i][0];
    if (IsSign(c))   //读入的为运算符
    {
        if (c=='!'&& BTStackNotEmpty(BTStack)) //单目运算符逻辑非
        {
            T=(BTree*)malloc(sizeof(BTree));
            strcpy(T->var,PostfixExpression[i]);
            T->leftChild =NULL;
            p=BTStackPop(&BTStack);
            T->rightChild =p;
            BTStackPush(&BTStack,T);

            continue;
        }
        if ((c=='&'||c=='|')&&BTStackLen(BTStack)>=2) /*双目运算符逻辑与、逻辑
           或*/
        {
            T=(BTree*)malloc(sizeof(BTree));
            strcpy(T->var,PostfixExpression[i]);

            p=BTStackPop(&BTStack);
            T->rightChild =p;
            p=BTStackPop(&BTStack);
            T->leftChild =p;
            BTStackPush(&BTStack,T);
            continue;
        }
    }
    else   //读入的为操作数,生成叶子结点
    {
            T=(BTree*)malloc(sizeof(BTree));
            strcpy(T->var,PostfixExpression[i]);
```

```
                    T->leftChild =NULL;
                    T->rightChild =NULL;
                    BTStackPush(&BTStack,T);
            }
    }
    return T;
}

/*用凹入法打印二叉树*/
void PrintBTree(BTree * T,int level)
    {
        int i;
        if(T ==NULL) return;
        PrintBTree(T->leftChild,level+1);
        for(i=0;i<level - 1;++i)
            printf("    ");
        if(level >= 1) printf("└--");
        printf("%s\n",T->var );
        PrintBTree(T->rightChild,level+1);
    }

/*后序遍历以 T 为根的二叉树*/
void  PostOrderBTree (BTree * T)
{
    if (T==NULL)   return;
    PostOrderBTree(T->leftChild);
    PostOrderBTree(T->rightChild);
    printf("%s ",T->var );
}

/*根据创建的二叉树求值的递归算法*/
int GetValue(BTree * T )
{
    int leftChildValue,rightChildValue,value;
    char c;
    if (T!=NULL)
    {
        c=T->var[0];
        if (c=='!'||c=='&'||c=='|')
```

```
                {
                    switch (c)
                    {
                    case '!':
                        rightChildValue=GetValue(T->rightChild);
                        if(rightChildValue==1) {value=0;T->value=value;}
                        else {value=1;T->value=value;}
                        break;
                    case '&':
                        leftChildValue=GetValue(T->leftChild);
                        rightChildValue=GetValue(T->rightChild);
                        value=leftChildValue && rightChildValue;
                        T->value=value;
                        break;
                    case '|':
                        leftChildValue=GetValue(T->leftChild);
                        rightChildValue=GetValue(T->rightChild);
                        value=leftChildValue||rightChildValue;
                        T->value=value;
                        break;
                    }
                }
            else
            {
                T->value=ValueArray[Index(VarArray,VariableNum,T->var)];
                value=T->value;
            }
        }
    return value;
}

/*用户输入变量的值计算公式的真值,调用 GetValue( )函数*/
void UserInputCal( )
{
    int i,value,result;
    for(i=0;i<VariableNum;i++)
    {
        printf("请输入变量%s 的真值:\n",VarArray[i]);
        scanf("%d",&value);
```

```
            ValueArray[i]=value;
    }
    result=GetValue(T);
    printf("命题演算公式的真值为:%d\n",result);
}

/*打印命题演算公式的真值表*/
void PrintTrueTable( )
{
    int i=0,pow=1,k,index,result;
    for (i=0;i<VariableNum;i++)
        pow=2*pow;
    printf("打印真值表:\n");
    for(index=0;index<VariableNum;index++)
        printf("   %6s",VarArray[index]);
    printf("   Result\n");

    for(i=0;i<pow;i++)
    {
        k=i;
        for(index=0;index<VariableNum;index++)
        {
            ValueArray[index]=k%2;
            printf("   %6d",ValueArray[index]);
            k=k/2;
        }
        result=GetValue(T);
        printf("   %6d\n",result);
    }

}

/*=========第五个文件:ExpressionCal.cpp========*/
/*================================*/
#include <stdio.h>
#include <stdlib.h>
#include <string.h>
#include "Calculate.h"
```

```c
void main( )
{
    int choice;
    while (1)
    {
        printf("\n\n------命题演算公式求值------\n");
        printf("            1.输入命题演算公式\n");
        printf("            2.转换并输出后缀表达式\n");
        printf("            3.构建并打印二叉树\n");
        printf("            4.后序遍历二叉树\n");
        printf("            5.输入变量的值根据二叉树求值\n");
        printf("            6.打印真值表\n");
        printf("            0.退出\n");

        printf("请选择:");
        scanf("%d",&choice);

        switch (choice)
        {
        case 1:
            GetExpression( );
            MakeMiddleExpression( );
            break;
        case 2:
            MiddleToPostfix( );
            break;
        case 3:
            T=MakeBTree( );
            printf("\n对表达式二叉树进行凹入打印:\n");
            PrintBTree(T,0);
            break;
        case 4:
            printf("\n对表达式二叉树进行后序遍历:\n");
            PostOrderBTree(T);
            break;
        case 5:
            UserInputCal( );
            break;
        case 6:
```

```
            PrintTrueTable( );
            break;
    case 0: exit(0);
    default:printf("请重新输入选择:");scanf("%d",&choice);
        }
    }
    BTreeDestory(T);
}
```

【测试数据及结果】

测试步骤根据题目要求,首先输入命题演算公式,接着将其转换并为后缀表达式,紧接着基于后缀表达式构建二叉树,并用凹入法打印二叉树,对二叉树进行后序遍历。然后根据创建的二叉树用两种方式求值,即由用户输入变量的值求值和打印公式的真值表。

此处逻辑'与'、'或'、'非'操作输入时分别由符号'&'、'|'、'!'表示。具体的测试数据及结果如下:

----------命题演算公式求值----------
            1.输入命题演算公式
            2.转换并输出后缀表达式
            3.构建并打印二叉树
            4.后序遍历二叉树
            5.输入变量的值根据二叉树求值
            6.打印真值表
            0.退出
请选择:1
输入命题演算公式(与-'&',或-'|',非-'!',输入'#'结束):
(a & ! bb) & (a | ccc) #
左右括号匹配正确
中缀表达式为:
(a & ! bb) & (a | ccc) #

----------命题演算公式求值----------
            1.输入命题演算公式
            2.转换并输出后缀表达式
            3.构建并打印二叉树
            4.后序遍历二叉树
            5.输入变量的值根据二叉树求值
            6.打印真值表
            0.退出
请选择:2
两个'#'相遇,转换结束
中缀转换为后缀式:

a bb ! & a ccc | &

----------命题演算公式求值----------
   1.输入命题演算公式
   2.转换并输出后缀表达式
   3.构建并打印二叉树
   4.后序遍历二叉树
   5.输入变量的值根据二叉树求值
   6.打印真值表
   0.退出
请选择:3

对表达式二叉树进行凹入打印：
```
              ---a
     ---&
         ---!
                  ---bb
&
         ---a
   ---|
         ---ccc
```

----------命题演算公式求值----------
   1.输入命题演算公式
   2.转换并输出后缀表达式
   3.构建并打印二叉树
   4.后序遍历二叉树
   5.输入变量的值根据二叉树求值
   6.打印真值表
   0.退出
请选择:4

对表达式二叉树进行后序遍历：
a bb ! & a ccc | &

----------命题演算公式求值----------
   1.输入命题演算公式
   2.转换并输出后缀表达式
   3.构建并打印二叉树

4.后序遍历二叉树
5.输入变量的值根据二叉树求值
6.打印真值表
0.退出

请选择:5
请输入变量 a 的真值:
1
请输入变量 bb 的真值:
0
请输入变量 ccc 的真值:
1
命题演算公式的真值为:1

- - - - - - - - - -命题演算公式求值- - - - - - - - - -
1.输入命题演算公式
2.转换并输出后缀表达式
3.构建并打印二叉树
4.后序遍历二叉树
5.输入变量的值根据二叉树求值
6.打印真值表
0.退出

请选择:6
打印真值表:

a	bb	ccc	Result
0	0	0	0
1	0	0	1
0	1	0	0
1	1	0	0
0	0	1	0
1	0	1	1
0	1	1	0
1	1	1	0

第三节 数据结构课程设计题目

题目1 银行业务活动的模拟

客户的业务分为两种:第一种是申请从银行得到一笔资金,即取款或借款;第二种是向银行中投入一笔资金,即存款或还款。银行有两个服务窗口,相应地有两个队列。客户到达银行后先排第一个队。处理每个客户业务时,如果属于第一种,且申请额超出银行现存资金总额而得不到满足,则立刻排入第二个队等候,直至满足时才离开银行;否则业务处理完后立刻离开银行。每接待完一个第二种业务的客户,则顺序检查和处理(如果可能)第二个队列中的客户,对能满足的申请者予以满足,不能满足者重新排到第二个队列的队尾。注意,在此检查过程中,一旦银行资金总额少于或等于刚才第一个队列中最后一个客户(第二种业务)被接待之前的数额,或者本次已将第二个队列检查或处理了一遍,就停止检查(因为此时已不可能还有能满足者)转而继续接待第一个队列的客户。任何时刻都只开一个窗口。假设检查不需要时间。营业时间结束时所有客户立刻离开银行。

要求:

模拟银行业务活动,按时间顺序输出业务活动的事件,并求出客户在银行内逗留的平均时间。

题目2 航空订票系统

试设计一个航空订票系统,基本要求如下。

每条航班所涉及的信息有:航班号,航班机型,起飞机场,降落机场,日期(星期几),起飞时间,降落时间,飞行时长,价格,乘员定额,余票量,订票的客户名单[包括姓名,订票量,舱位等级(头等舱、公务舱、经济仓)],以及等候替补的客户名单(包括姓名、所需数量)。采用链式存储结构。

要求系统能实现的操作和功能如下。

(1)航班信息管理。

(2)查询航线,按以下几种方式查询:按航班号查询;按起点站查询;按终点站查询;按日期查询。

每种查询方式中,查询后输出如下信息:航班号,航班机型,起飞机场,降落机场,日期(星期几),起飞时间,降落时间,飞行时长,价格,余票量。

(3)承办订票业务:根据客户提出的要求(航班号,订票数额)查询该航班票额情况,若有余票,则为客户办理订票手续,输出座位号;若已满员或余票少于订票额,则需重新询问客户要求。若需要,可登记排队候补。

(4)承办退票业务:根据客户提出的情况(日期,航班号),为客户办理退票手续,然后查询该航班是否有人排队候补,首先询问排在第一的客户,若所退票额能满足他的要求,则为他办理订票手续,否则依次询问其他排队候补的客户。

题目3 电梯模拟

模拟某校 9 层教学楼的电梯系统。该楼有一个自动电梯,能在每层停留,其中第一层是大楼的进出层,即是电梯的"本垒层",电梯"空闲"时,将来到该层候命。

电梯一共有 7 个状态,即正在开门(Opening)、已开门(Opened)、正在关门(Closing)、已关门(Closed)、等待(Waiting)、移动(Moving)、减速(Decelerate)。

乘客可随机地进出于任何层。对每个人来说,他有一个能容忍的最长等待时间,一旦等候电梯时间过长,他将放弃。

模拟时钟从 0 开始,时间单位为 0.1 秒。人和电梯的各种动作均要消耗一定的时间单位(简记为 t),比如:

有人进出时,电梯每隔 40t 测试一次,若无人进出,则关门。

关门和开门各需要 20t。

每个人进出电梯均需要 25t。

电梯加速需要 15t。

上升时,每一层需要 51t,减速需要 14t。

下降时,每一层需要 61t,减速需要 23t。

如果电梯在某层静止时间超过 300t,则驶回 1 层候命。

要求:

按时序显示系统状态的变化过程,即发生的全部人和电梯的动作序列。

扩展内容:

实现电梯模拟的可视化界面。

题目4 24 点游戏

24 点游戏是一种使用扑克牌来进行的益智类游戏,游戏内容是:从一副扑克牌中抽去大小王剩下 52 张,任意抽取 4 张牌,把牌面上的数(A 代表 1)运用加、减、乘、除和括号进行运算得出 24。每张牌都必须使用一次,但不能重复使用。

要求:

设计算法完成 24 点游戏的计算。

扩展内容:

实现 24 点游戏的可视化界面。

题目5 洗车仿真

假设洗车站有 3 个洗车处,每个洗车处可构成一个等待队列。根据系统时间随机生成每辆车的到达时间,相邻两辆车的到达时间间隔为[2,15]分钟之间的随机值,每辆车接受服务的时间选项为 10 分钟、15 分钟或 25 分钟其中之一(随机产生)。第一辆车的到达时间在洗车站开门 30 分钟之内(随机产生)。平均等待时间是将每辆车的等待时间加起来再除以车的数量。下面是关于车辆到达和离开的具体条件:

(1)如果当队列为空且没有车被清洗时,到达了一辆车,那么就马上开始清洗这辆车;它无需进入队列。每当一辆车通过清洗后,它就马上离开洗车处,随之相应队头的车辆出队进入清洗过程。

(2)每当一辆车到达时,它直接进入 3 个队列中等待时间最短的队列。

(3)每个队列中每次至多有 5 辆车在等待洗车。当正在清洗并且 3 个队列中均有 5 辆车时,如果此时有 1 辆车到达,那么它将作为"溢出"不准入内且不计算在内。

(4)每辆车的等待时间不含其接受服务的时间。

要求:

写一个上述洗车业务的事件驱动模拟系统,并实现以下功能:

(1)产生 6 个小时内车辆的随机到达时刻和接受服务时间。

(2)输出所有车辆(包括未能进队洗车的车辆)的洗车情况(到达时间、所处等待队列及等待时间、接受服务时间、离开时间等)。

(3)计算所有车辆的平均等待时间。

题目 6 文本编辑器

文本编辑器是利用计算机进行文字加工的基本软件工具,实现对文本文件的输入、显示、查找、替换、插入、删除、撤销等功能。可以是类似于 Unix Vi 或 DOS Edit/Edlin 的简单行编辑,也允许实现为 Word 或 UltraEdit 那样的全屏幕编辑程序。

题目 7 文件目录管理与显示

给出目录和文件信息,编程实现将其排列成一棵有一定缩进的树。

要求:

(1)设计文件和目录信息树的存储结构。

(2)从文件或键盘输入目录和文件信息,输入格式采用绝对路径法,即:

\ A

\ A\ AA1

\ A\ AA1\ aa1.doc

\ A\ AA1\ aa2.txt

……

创建时要检查同一路径下不能有同名的目录或文件名。

(3)设计文件和目录信息树的输出格式(以凹入表的形式显示)。

(4)查找指定目录和文件。

(5)添加新目录或新文件。

(6)删除指定目录或文件,子目录能够被删除的前提是其为空,即不包含任何子目录和文件;根目录不能删除。

(7)扩充目录或文件信息,如创建时间、读写权限、文件长度或子目录包含的子目录和文件数等。

(8)对同一层次下的子目录或文件按创建时间有序输出。

(9)通配符的使用。如用"?"代表任意一个字符,用"*"表示任意多个字符。

扩展内容:

实现相对路径表示法。

题目 8　基于 Huffman 编码的压缩软件

准备一个源文件(可以是你的源程序),统计该文件中各种字符出现的频率,对各字符进行 Huffman 编码,将该源文件压缩成编码文件,再将 Huffman 编码文件译码成源文件。

要求:

(1)设计合适的哈夫曼树存储结构,并设计编码和译码方法。

(2)将输入的源文件(比如 1.cpp)压缩到文件 2.txt 中,输出源文件字符数(一个字符是 8 位二进制数)和压缩后字符数,并计算压缩比;输出源文件大小和压缩后文件大小,并计算文件压缩比。

(3)将压缩文件 2.txt 再还原到文件 3.txt,比较 3.txt 与源文件是否一致。

扩展内容:

采用范式哈夫曼编码(Canonical Huffman Code)实现文件压缩。

题目 9　取火柴游戏

在盘中放着 n 根火柴,A 和 B 两人轮流从盘中取火柴,规定每次可取一根、二根或三根,不可不取也不可多取,谁拿走最后一根便算谁输。这就是所谓的取火柴游戏。其实,这种游戏如同下棋,双方都有可能取胜。为了自己取胜,就必须每走一步(即取一次火柴)都要动动脑筋,为自己的最后胜利创造条件,也就是说,每走一步都要有个较好的对策。

我们可以利用树结构,把取火柴游戏的过程描述出来。为方便起见,假定 n=6。开始时有 6 根火柴,A 先走的话,他可有拿 1 根、2 根或 3 根火柴 3 种不同的走法。如果把原始状态——6 根火柴,作为根结点,A 的 3 种不同走法将产生盘中剩 5 根、4 根、3 根火柴 3 种状态,可用根结点的 3 个子结点表示(图 8-1)。A 走以后,不论 A 走哪一步,B 接着走时,他也可在 A 取剩的火柴中拿走 1 根、2 根或 3 根,因此共有 3×3=9 种可能性,再可产生 9 个子结点,接下来 A 再走……由于火柴的根数是有限的,而且每走一步都要减少些火柴,因此火柴总会取完,游戏随之结束。整个过程可用一棵树来表示。这棵树反映了 A 和 B 双方所有可能的对策,因此可以称为对策树。

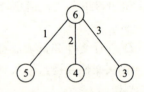

图 8-1　三种走法对应的父结点与子结点的示意图

要求:

利用树的链式存储结构,设计算法实现两个人或人与计算机的取火柴游戏。输出游戏过程,将树的结构显示在屏幕上输出。

扩展内容:

实现取火柴游戏的可视化界面。

题目 10　校园导航问题

设计你的学校的平面图,至少包括 10 个以上的景点(场所),每两个景点间可以有不同的路,且路长也可能不同,找出从任意景点到达另一景点的最佳路径(最短路径)。

要求:

(1)以图中顶点表示校园内各景点,存放景点名称、代号、简介等信息;以边表示路径、存放路径长度等有关信息。
(2)为来访客人提供图中任意景点相关信息的查询。
(3)为来访客人提供任意景点的问路查询,即查询任意两个景点之间的一条最短路径。
(4)提供图的编辑功能:增加、修改、删除景点;增加、修改、删除道路等。
(5)校园导游图的仿真界面。

题目11 迷宫问题

以一个 m*n 的长方阵表示迷宫,0和1分别表示迷宫中的通路和障碍。设计一个程序,对任意设定的迷宫,求出一条从入口到出口的通路,或得出没有通路的结论。

要求:
(1)首先实现一个以链表作存储结构的栈类型,然后编写一个求解迷宫的非递归程序。求得的通路以三元组(i,j,d)的形式输出,其中(i,j)指示迷宫中的一个坐标,d 表示走到下一坐标的方向。
(2)测试几组数据,数据的规模由小变大,即网格越来越小,障碍越来越复杂。
(3)实现该问题的可视化界面,用鼠标点击即可一步步走出迷宫。

题目12 农夫过河问题

一个农夫带着一只狼、一只羊和一棵白菜,身处河的南岸。他要把这些东西全部运到北岸。他面前只有一条小船,船只能容下他和一件物品,另外只有农夫才能撑船。如果农夫在场,则狼不能吃羊,羊不能吃白菜,否则狼会吃羊,羊会吃白菜,所以农夫不能留下羊和白菜自己离开,也不能留下狼和羊自己离开,而狼不吃白菜。

要求:
利用图的存储结构和图的搜索算法,求出农夫将所有的东西运过河的方案。

题目13 全国交通咨询模拟

出于不同目的的旅客对交通工具有不同的要求。例如,因公出差的旅客希望在旅途中的时间尽可能短,出门旅游的游客则期望旅费尽可能省,而老年旅客则要求中转次数最少。编制一个全国城市间的交通咨询程序,为旅客提供两种或三种最优决策的交通咨询。

要求:
(1)提供对城市信息进行编辑(如添加或删除)的功能。
(2)城市之间有两种交通工具:火车和飞机。提供对列车时刻表和飞机航班进行编辑(增设或删除)的功能。
(3)提供两种最优决策:最快到达或最省钱到达。全程只考虑一种交通工具。
(4)旅途中耗费的总时间应该包括中转站的等候时间。
(5)咨询以用户和计算机的对话方式进行。

题目14 修道士与野人问题

这是一个古典问题。假设有 n 个修道士和 n 个野人准备渡河,但只有一条能容纳 c 人的小船,为了防止野人侵犯修道士,要求无论在何处,修道士的个数不得少于野人的人数(除非修道士个数为0)。如果两种人都会划船,试设计一个算法,确定他们能否渡过河去,若能,则给出一个小船来回次数最少的最佳方案。

要求:

(1)用一个三元组(x1,x2,x3)表示渡河过程中各个状态。其中,x1表示起始岸上修道士个数,x2表示起始岸上野人个数,x3表示小船位置(0—在目的岸,1—在起始岸)。例如(2,1,1)表示起始岸上有两个修道士,一个野人,小船在起始岸一边。

采用邻接表作为存储结构,将各种状态之间的迁移图保存下来。

(2)采用广度搜索法,得到首先搜索到的边数最少的一条通路。

(3)输出数据。

若问题有解(能渡过河去),则输出一个最佳方案。用三元组表示渡河过程中的状态,并用箭头指出这些状态之间的迁移:

　　　　目的状态←…中间状态←…初始状态。

若问题无解,则给出"渡河失败"的信息。

(4)求出所有的解。

题目15　最短路径:拯救007

看过007系列电影的人们一定很熟悉James Bond这个著名的特工。在电影"Live and Let Die"中James Bond被一组毒品贩子捉住并且关到湖中心的一个小岛上,而湖中有很多凶猛的鳄鱼。这时James Bond做出了最惊心动魄的事情来逃脱——他跳到了最近的鳄鱼的头上,在鳄鱼还没有反应过来的时候,他又跳到了另一只鳄鱼的头上……最后他终于安全地跳到了湖岸上。

假设湖是100×100的正方形,设湖的中心在(0,0),湖的东北角的坐标是(50,50)。湖中心的圆形小岛的圆心在(0,0),直径是15。一些凶残的鳄鱼分布在湖中不同的位置。现已知湖中鳄鱼的位置(坐标)和James Bond可以跳的最大距离,请你告诉James Bond一条最短的到达湖边的路径。他逃出去的路径的长度等于他跳的次数。

要求:

(1)输入要求:程序从文件中读取输入信息,文件中包括的多组输入数据。每组输入数据包括鳄鱼的数量、007可以跳的最大距离、鳄鱼的坐标(没有两只鳄鱼出现在同一个位置)。

(2)输出要求:程序结果输出到文件中。对于每组输入数据,如果007可以逃脱,则输出007必须跳的最小的步数,然后按照跳出顺序记录跳出路径上的鳄鱼坐标;如果007不能逃脱,则输出-1到文件。

题目16　社交网络图实现

设计并实现一种简单的社交网络模型图。

要求:

(1)每个人的信息是一个结点,人与人的联系构成边。个人信息里要有地理坐标信息,以便后续应用中能方便找靠近的人。

(2)根据输入的任意两个人信息,给出他们之间的联系路径,最少经过多少人构成联系。

(3)根据位置信息的动态变化,找寻附近能够联络的人,能够通过1次中间人能联络的人等。

(4)模拟仿真结点的联络密切程度,根据联络密切程度发现社交网络中的小团体。

(5)可根据自己的创意添加更多的功能。

题目 17　教学计划编制问题

大学的每个专业都要制定教学计划。假设任何专业都有固定的学习年限,每学年含两学期,每学期的时间长度和学分上限值均相等。每个专业开设的课程都是确定的,而且课程在开设时间的安排必须满足先修关系。每门课程有哪些先修课程是确定的,可以有任意多门,也可以没有。每门课恰好占一个学期。试在这样的前提下设计一个教学计划编制程序。

要求：

(1)输入参数包括：学期总数,一学期的学分上限,每门课的课程号(固定占 3 位的字母数字串)、学分和直接先修课的课程号。

(2)允许用户指定下列两种编排策略之一：一是使学生在各学期中的学习负担尽量均匀；二是使课程尽可能地集中在前几个学期中。

(3)若根据给定的条件问题无解,则报告适当的信息；否则将教学计划输出到用户指定的文件中。计划的表格格式自行设计。

题目 18　通讯录管理系统

通讯录是用来记载、查询联系人通讯信息的工具。请设计一个电子通讯录,包括输入、显示、查找、插入、删除、保存、读入、排序、修改、移动等基本功能。

输入：记录的录入。

显示：通讯录显示。

查找：按指定方式,输入关键字,查找指定记录。

插入：实现记录的添加或在指定位置插入新记录。

删除：删除指定记录。

保存：将内存中正在被操作的通讯录以文件形式保存到磁盘。

读入：保存的逆操作,将存在磁盘中的通讯录文件读到内存中。

排序：按指定关键字对通讯录数据进行排序。

修改：提供修改某条记录的功能。

移动：移动记录在通讯录中的存储位置,使其被查找或显示时的位序前移或后移。

要求：

(1)通讯录至少包括下列数据信息：姓名、电话、单位等。

(2)完成上述基本功能。

(3)如果提供多种有序显示,如按姓名、按关系、按号码,可以通过建立索引表来实现,但当原数据表数据发生改变时,要及时更新索引表。

(4)根据自己使用通讯录的体会,扩充其他功能,如按姓名查找、按号码查找、按序号删除等。

扩展内容：

(1)提供分组管理的相关功能,如分组显示、加入组、组创建、组查询等。

(2)可视化的界面设计。

题目 19　研究生入学考试成绩处理

假设某大学计算机应用技术专业招收研究生 n 名,现在要根据报考者的考试成绩择优录取。考试课程有政治、英语、数学、专业综合 4 门。考试成绩分为两类:第一类为每门课程都达到最低录取线;第二类为有一门或多门课程未达到最低录取线。录取方法是在每门课程达到最低录取线的考生中按总分从高到低录取。试设计一个成绩处理程序实现以上功能。

要求:

根据录取方法,打印输出 n 份录取通知书,列出录取者 4 门课程的成绩及总分(要求采用堆排序)。并能实现对任一考生或任一门课程成绩的查找(要求两种查找方式,根据考号或姓名进行查找,采用高效的查找算法)。

录取通知书的格式如表 8-2 所示。

表 8-2　录取通知书格式

```
                 ADMISSION    NOTICE

    XX   XX   XX (姓名):
          You have been admitted

       Your scores:
       Politics                    XX(成绩)
       English                     XX
       Mathematics                 XX
       Major                       XX
       Total                       XX

                                   X XX UNIVERSITY
```

题目 20　英语词典的维护和识别

Trie 树通常作为一种索引树,这种结构对于大小变化很大的关键字特别有用。利用 Trie 树实现一个英语单词辅助记忆系统,完成相应的建表和查表程序。

要求:

不限定 Trie 树的层次,每个叶子结点只含一个关键字,采用单字符逐层分割的策略,实现 Trie 树的插入、删除和查询的算法,查询可以有两种方式:查询一个完整的单词或者查询以某几个字母开头的单词。

题目 21　基于后缀树 Suffix Tree 的查找应用

后缀树(Suffix Tree)是一种数据结构,能快速解决很多关于字符串的问题。后缀树提出的目的是用来支持有效的字符串匹配和查询。

要求：

给定一系列字符串，构造后缀树，实现如下的查找应用。

(1)查找字符串 o 是否在字符串 S 中。

(2)指定字符串 T 在字符串 S 中的重复次数。

(3)字符串 S 中的最长重复子串。

(4)两个字符串 S1、S2 的最长公共部分。

题目 22 学生成绩管理系统

学生成绩管理是高等学校教务管理的重要组成部分，主要包括学生注册、考试成绩的录入及修改、成绩的统计分析等。设计一个系统实现对学生成绩的管理。

要求：

系统应具有以下基本功能。

(1)学生注册登记。

(2)增加、删除某一班级的学生。

(3)成绩录入：输入学生的考试成绩。

要求采用二叉排序树存放学生成绩，一门课程对应一棵二叉排序树。

(4)成绩修改：若输入错误可进行修改。

(5)统计分析：对某个班级学生的单科成绩进行统计，求出平均成绩；求出成绩处于指定分数段内的学生人数；求出每个学生一学期各科的平均成绩等。

(6)查找：查找某个学生的某门课程成绩，查找某门课程成绩处于指定分数段内的学生名单等。

(7)打印：打印一个班级学生的单科成绩；打印某一课程成绩处于指定分数段内的学生名单；打印学生在某一学期的成绩报告单。

题目 23 西文图书管理系统

图书管理基本业务活动包括：对一本书的采编入库、清除库存、借阅和归还等。试设计一个图书管理系统，将上述业务活动借助于计算机系统完成。

要求：

(1)每种书的登记内容至少包括书号、书名、著者、现存量和总库存量 5 项。

(2)作为演示系统，不必使用文件，全部数据可以都在内存存放。要用 B-树(4 阶树)对书号建立索引，以获得高效率。

(3)系统应有以下功能：采编入库、清除库存、借阅、归还、显示(以凹入表的形式显示)等。

题目 24 基于 Patricia Trie 树的词典检索

Patricia Trie 是 Trie 结构的一种特殊形式，根据关键码的二进制编码来进行划分，它是目前信息检索领域应用十分成功的索引方法。

要求：

设计 Patricia 树的相关算法，实现初始化、插入、删除、查找等功能，并以词典数据作为测试数据进行检索。

题目 25　各种查找效率比较

给定一个已经排好序的 N 个整数的序列(数据从 1 到 N),在该序列中查找指定的整数,并观察不同算法的运行时间。考查 3 类查找算法:折半查找,平衡二叉排序树的查找,B-树的查找。

要求:

(1)分析最坏情况下,3 种搜索算法的复杂度;

(2)测量并比较 3 种算法在 N=100、500、1 000、2 000、4 000、6 000、8 000、10 000 时的性能,要求完成以下 3 个方面:①对每个测试数据集,统计计算每种查找算法的 ASL;②对每个测试数据集运行多次获得运行时间的平均值;③绘制算法实际运行结果(ASL 和运行时间)的曲线图,验证和理论分析的时间复杂度的吻合性。

题目 26　宿舍管理查询软件

为宿舍管理人员编写一个宿舍管理查询软件。

要求:

(1)采用交互工作方式。

(2)建立数据文件,数据文件按关键字(姓名、学号、房号)进行排序(插入、选择、交换排序等任选一种)。

(3)查询菜单:用二分查找实现以下操作:按姓名查询;按学号查询;按房号查询。

(4)打印任一查询结果(可以连续操作)。

题目 27　散列法的实验研究

散列法中,散列函数的构造方法多种多样,同时对于同一散列函数解决冲突的方法也可以不同,两者是影响查询算法性能的关键因素。

要求:

对于几种典型的散列函数构造方法,实验观察不同的解决冲突方法对查询性能的影响。

题目 28　平衡二叉排序树的实现

设计程序实现平衡二叉排序树的查找、插入、删除和遍历等操作,注意:插入、删除应保证二叉排序树的平衡性。

要求:

(1)用二叉链表作存储结构,以回车('\n')为输入结束标志,输入数列 L,生成一棵平衡的二叉排序树 T,并以凹入表的形式显示在终端上。

(2)对二叉排序树 T 作中序遍历,输出结果。

(3)输入元素 x,查找二叉排序树 T,若存在含 x 的结点,则删除该结点,并作中序遍历(执行操作 2);否则输出信息"无 x",并将 x 插入该二叉排序树中。

题目 29　字符统计

编写一个程序读入一个字符串,统计字符串中出现的字符及次数,然后输出结果。

要求：

用一棵二叉排序树来保存处理结果，结点的数据元素由字符与出现次数组成，关键字为字符。

题目30 利用 Hash 技术统计 C 源程序中关键字的频度

扫描一个 C 源程序，用 Hash 表存储该程序中出现的关键字(标识符)，并统计该程序中的关键字出现的频度。用线性探测法解决 Hash 冲突。设 Hash 函数为：

Hash(Key)=[(Key 的首字母序号)*100+(Key 的尾字母序号)] Mod 41。

关键字39个，参考 C 语言教材。

要求：

(1)设计合适的数据结构，包括关键字表的存储结构以及 Hash 表中的结点结构(频度、冲突次数)。

(2)从一个大字符串中分解单词。

(3)识别是否是关键字，设计合适的查找方法。

(4)统计冲突次数。

(5)将关键字插入 Hash 表，或调整 Hash 表项中的频度。

(6)输出 Hash 表、关键字总数以及冲突次数。

扩展内容：

(1)考察多个 C 源程序文件，计算当关键字总数约为1 000时，冲突次数的总次数。

(2)设计其他的 Hash 函数，用其他的冲突处理方法，比较效率有何差别。

题目31 学生基本信息管理

编写一个程序对学生的基本信息(包括学号、班级、姓名、性别、出生年月、籍贯等)进行管理。

要求：

(1)程序具有对学生的基本信息进行插入、删除、修改、查找、排序等功能。

(2)查找可以按学号查询；按班级查询；按姓名查询；按籍贯查询等。

(3)排序要求按照多关键字排序的思想，先按班级排序，同一班级的再按学号排序。

扩展内容：

将学生对象按散列法存储，并设计解决冲突的方法。在此基础上实现增、删、查询、修改、排序等操作。

题目32 校园十大优秀青年评比

新一届校园十大优秀青年评比开始了！每一位在校学生可通过网上评比系统，为自己认为优秀的学生提名与投票。请开发一个可用于该需求的系统，满足下列基本功能：

(1)提名优秀学生和投票。

(2)查看提名学生的基本信息。

(3)显示各提名学生的票数。

(4)显示排行榜。

要求：

(1)采用散列存储,存放提名学生的相关信息。

(2)设计哈希函数和处理冲突方法,哈希函数可根据姓名拼音的 ASCII 码来设计。

(3)提名学生至少包括以下信息：姓名、票数、个人基本信息(如专业、年级、班级、突出事迹等)。

(4)为显示排序榜,可采用二叉排序树。根据散列存储的票数,建立按票数的二叉排序树,然后求其中序序列,前 10 位即为上榜者。

题目 33 消防站的建立

某个国家有 n 个城市,这 n 个城市之间有 n-1 条高速公路,每一条高速公路连接两个城市,并且通过这些高速公路,任意两个城市都可以互相到达。现在,消防部队要在这个国家建立若干个消防站,一个消防站建立在某一个城市中。如果某个城市发生火灾,那么距离这个城市最近的消防站将会调动消防部队到火灾城市,假设每一条高速公路都需要花费一单位的时间。

(1)为了安全,消防部队必须在 M 时间内到达火灾城市,请问,至少需要建立多少个消防站？

(2)如果走完每一条高速公路需要花费的时间不同,需要最少的消防站是多少？

扩展内容：

在(2)的基础上,如果每一个城市建立一个消防站都有一些费用,那么,最少需要用多少费用才能保证安全？

第九章 数据结构试题

期末考试试题 1

一、单项选择题(每题 2 分,共 40 分)

1.从逻辑上可以把数据结构分为( )两大类。
   A.动态结构、静态结构　　　　　　B.顺序结构、链式结构
   C.线性结构、非线性结构　　　　　D.初等结构、构造型结构

2.算法分析的目的是( )。
   A.分析算法的效率以求改进　　　　B.找出数据结构的合理性
   C.研究算法中的输入和输出关系　　D.分析算法的易读性和文档性

3.程序段
```
for(i=n-1;i>=1;i--)
    for(j=1;j<=i;j++)
        if (a[j]>a[j+1])
            swap(a[j],a[j+1]);
```
   其中 n 为正整数,则最后一行的语句频度在最坏情况下是( )。
   A.$O(n)$　　　　B.$O(nlogn)$　　　　C.$O(n^3)$　　　　D.$O(n^2)$

4.对于顺序存储的线性表,访问结点和插入结点的时间复杂度为( )。
   A.$O(n),O(n)$　　B.$O(n),O(1)$　　C.$O(1),O(n)$　　D.$O(1),O(1)$

5.完成在双向循环链表结点 p 之后插入 s 的操作是( )。
   A. p->next=s;s->prior=p;p->next->prior=s;s->next=p->next;
   B. p->next->prior=s;p->next=s;s->prior=p;s->next=p->next;
   C. s->prior=p;s->next=p->next;p->next=s;p->next->prior=s ;
   D. s->prior=p;s->next=p->next;p->next->prior=s;p->next=s;

6.有 6 个元素按 6,5,4,3,2,1 的顺序进栈,问下列哪一个不是合法的出栈序列? ( )
   A.5 4 3 6 1 2　　B.4 5 3 1 2 6　　C.3 4 6 5 2 1　　D.2 3 4 1 5 6

7.循环队列 A[0..m-1]存放其元素值,用 front 和 rear 分别表示队头和队尾,则当前队列中的元素个数是( )。
   A.(rear-front+m) % m　　　　　　B.rear-front+1
   C.rear-front-1　　　　　　　　　D.rear-front

8.设有一个10阶的对称矩阵A,采用压缩存储方式,以行序为主存储,a_{11}为第一元素,其存储地址为1,每个元素占一个地址空间,则a_{85}的地址为(　　)。
   A.13　　　　B.33　　　　C.18　　　　D.40

9.设树T的度为4,其中度为1,2,3和4的结点个数分别为4,2,1,1,则T中的叶子数为(　　)。
   A.5　　　　B.6　　　　C.7　　　　D.8

10.在下列存储形式中,哪个不是树的存储形式?(　　)
    A.双亲表示法　　B.孩子链表表示法　　C.邻接表表示法　　D.孩子兄弟表示法

11.某二叉树的中序序列为A,B,C,D,E,F,G,后序序列为B,D,C,A,F,G,E,则前序序列是(　　)。
    A.E,G,F,A,C,D,B　　　　　　　　B.E,A,C,B,D,G,F
    C.E,A,G,C,F,B,D　　　　　　　　D.上面的都不对

12.引入线索二叉树的目的是(　　)
    A.加快查找结点的前驱或后继的速度　　B.为了能在二叉树中方便的进行插入与删除
    C.为了能方便的找到双亲　　　　　　　D.使二叉树的遍历结果唯一

13.用邻接表存储图时,深度优先遍历算法的时间复杂度是(　　)。
    A.O(n)　　　B.O(n+e)　　　C.O(n^2)　　　D.O(n^3)

14.已知有向图G=(V,E),其中V={V_1,V_2,V_3,V_4,V_5,V_6,V_7},E={<V_1,V_2>,<V_1,V_3>,<V_1,V_4>,<V_2,V_5>,<V_3,V_5>,<V_3,V_6>,<V_4,V_6>,<V_5,V_7>,<V_6,V_7>},G的拓扑序列是(　　)。
    A.V_1,V_3,V_4,V_6,V_2,V_5,V_7　　　　B.V_1,V_3,V_2,V_6,V_4,V_5,V_7
    C.V_1,V_3,V_4,V_5,V_2,V_6,V_7　　　　D.V_1,V_2,V_5,V_3,V_4,V_6,V_7

15.判定一个有向图是否存在回路,除了可以利用拓扑排序方法外,还可以利用(　　)。
    A.求关键路径的方法　　　　　　　　B.迪杰斯特拉(Dijkstra)算法
    C.广度优先搜索算法　　　　　　　　D.深度优先搜索算法

16.下面关于m阶B树说法正确的是(　　)。
    ①每个结点至少有两棵非空子树;②树中每个结点至多有m-1个关键字;
    ③所有叶子在同一层上;　　　　　　④当插入一个数据项引起B树结点分裂后,树长高一层。
    A.①②③　　　B.②③　　　C.②③④　　　D.③

17.散列表的地址区间为0—17,散列函数为H(K)=K mod 17。采用线性探测法处理冲突,并将关键字序列26,25,72,38,8,18,59依次存储到散列表中。元素59存放在散列表中的地址是(　　)。
    A.8　　　　B.9　　　　C.10　　　　D.11

18.折半查找有序表(1,3,8,10,16,20,25,37,39,48),若查找元素25,则被比较的依次是(　　)。
    A.20,39,37,25　　　　　　　　B.20,37,25
    C.16,37,20,25　　　　　　　　D.16,37,25

19.下列四个序列中,哪一个是堆(　　)。
    A.75,65,30,15,25,45,20,10　　　　B.75,65,45,10,30,25,20,15
    C.75,45,65,30,15,25,20,10　　　　D.75,45,65,10,25,30,20,15

20.若需在O(n$\log_2$n)的时间内完成对数组的排序,且要求排序是稳定的,则可选择的排序方法是(　　)。

A.快速排序　　　　　B.堆排序　　　　　C.归并排序　　　　　D.直接插入排序

二、解答题(共 35 分)

1.(7 分)高度为 5(根结点的高度为 0)的完全二叉树中含有的结点数至少为多少？说明理由。

2.(8 分)假定用于通讯的电文仅由 8 个字母 C1,C2,…,C8 组成,各个字母在电文中出现的次数分别为 5,25,3,6,10,12,35,40,试为这 8 个字母设计哈夫曼编码树,要求画出哈夫曼树,写出各个字符的哈夫曼编码。

3.(8 分)给出一组关键字 T=(12,2,16,30,8,28,4,10,20,6,18),写出用下列算法按从小到大排序时的第一趟过程：
(1)希尔排序(第一趟排序的增量为 5)。
(2)快速排序[选第一个记录为枢轴(分隔)]。

4.(12 分)试按表(12,8,11,12,20,3,7,15,19,25)中元素的排列次序,将所有元素插入一棵初始为空的二叉排序树中,使之仍是一棵二叉排序树。
(1)试画出插入完成之后的二叉排序树。
(2)若查找元素 17,它将依次与二叉排序树中哪些元素比较大小？
(3)假设每个元素的查找概率相等,试计算该树的平均查找长度 ASL。
(4)对该树进行中序遍历,试写出中序遍历序列。

三、算法设计题(共 25 分)

1.(10 分)设 Head 为带表头结点的单链表的头指针,试写出算法完成：若为非空表,则输出首结点和尾结点的值(data 值);否则输出:"This is an Empty List!"

2.(15 分)设二叉树中结点的数据域的值为一字符,采用二叉链表的方式存储该二叉树中的所有结点,设 p 为指向树根结点的指针。设计算法在该二叉树中查找数据域为 key(key 为一变量,变量内容为一字符)的那个结点的所有祖先。设二叉树中结点数据域的值互不重复。

期末考试试题 1 答案

一、选择题(每题 2 分)

  CADCD CABDC BABAD BDCCC

二、解答题(共 35 分)

1.(7 分)高度为 5 的完全二叉树中从第 0 层到第 4 层为满二叉树,结点数有 $2^{4+1}-1=31$ 个。

  第 5 层上至少有 1 个结点。故高度为 5 的完全二叉树中至少有结点数 32 个。

2.(8 分)哈夫曼树为:

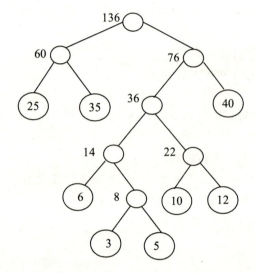

对哈夫曼树进行编码,左分支编码为 0,右分支编码为 1,则 8 个字母对应的哈夫曼编码为:

  C1(5):10011 C2(25):00

  C3(3):10010 C4(6):1000

  C5(10):1010 C6(12):1011

  C7(35):01 C8(40):11

3.(8 分)(1)第一趟希尔排序后序列为:12,2,10,20,6,18,4,16,30,8,28(D=5)

 (2)第一趟快速排序后序列为:6,2,10,4,8,12,28,30,20,16,18

4.(12 分)(1)二叉排序树为:

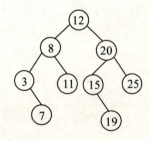

 (2)查找 17,依次与 12,20,15,19 比较。

 (3)ASL=(1+2*2+4*3+2*4)/9=25/9

 (4)中序序列:3,7,8,11,12,15,19,20,25。

三、算法设计题(共 25 分)

1.(10分)
```
typedef struct Node
    {
        DataType data；
        struct Node * next；
}SLNode；
int TestList ( SLNode * Head)
{   SLNode *p；
    p=Head；
    if (p ->next==NULL)
    {   printf("This is an Empty List!")；
        return 0；     }
    p=p ->next；
    printf("The first node is: % d",p ->data)；
    while (p ->next!=NULL)
        p=p ->next；
    printf("The last node is: % d",p ->data)；
    return 1；
}
```

2.(15分)
[题目分析]后序遍历最后访问根结点,当访问到值为 key 的结点时,栈中所有元素均为该结点的祖先。
```
typedef struct Node
    {
        char data；
        struct Node *lchild；
        struct Node *rchild；
    } BiTree；
typedef struct
{
    BiTree * t；
    int tag；//tag=0表示左子女被访问,tag=1表示右子女被访问
}Stack；
void Search(BiTree * p,char key) //在二叉树 p 中,查找值为 key 的结点,并打印其所有祖先
{   Stack s[MaxSize];    int top=0;    BiTree *q;q=p；
    while (q!=null‖top>0)
        {   while (q!=null && q ->data!=key)                  //结点入栈
            {   s[++top].t=q;s[top].tag=0;q=q ->lchild；  }//沿左分枝向下
```

            if(q->data==key) //找到 key
            {   printf("所查结点的所有祖先结点的值为:\n");
                for (i=1;i<=top;i++) printf("%c ",s[i].t->data);   return;   } //输出祖先值后结束
        while(top!=0 && s[top].tag==1) top--;   //退栈(空遍历)
        if(top!=0) {s[top].tag=1;q=s[top].t->rchild;}   //沿右分枝向下遍历
    }
}

期末考试试题2

一、单项选择题(每题2分,共40分)

1.以下哪一个术语与数据的存储结构无关?( )
　　A.栈　　　　B.哈希表　　　　C.线索树　　　　D.双向链表

2.以下算法的时间复杂度是( )。
```
int func(int n)
{   int x=1;
    while (x*x<=n) x++;
    return x;
}
```
　　A.$O(n^2)$　　　B.$O(\sqrt{n})$　　　C.$O(\log_2 n)$　　　D.$O(2^n)$

3.若某线性表最常用的操作是存取任一指定序号的元素和在最后进行插入和删除运算,则利用( )存储方式最节省时间。
　　A.顺序表　　　B.双链表　　　C.带头结点的双循环链表　　　D.单循环链表

4.链表不具有的特点是( )。
　　A.插入、删除不需要移动元素　　　　B.可随机访问任一元素
　　C.不必事先估计存储空间　　　　　　D.所需空间与线性长度成正比

5.在单链表指针为 p 的结点之后插入指针为 s 的结点,正确的操作是( )。
　　A.p->next=s;s->next=p->next;
　　B.s->next=p->next;p->next=s;
　　C.p->next=s;p->next=s->next;
　　D.p->next=s->next;p->next=s;

6.设栈 S 和队列 Q 的初始状态为空,元素 e1,e2,e3,e4,e5 和 e6 依次通过栈 S,一个元素出栈后即进队列 Q,若6个元素出队的序列是 e2,e4,e3,e6,e5,e1 则栈 S 的容量至少应该是( )。
　　A.6　　　　　B.4　　　　　C.3　　　　　D.2

7.数组 A[0..5,0..6]的每个元素占五个字节,将其按列优先次序存储在起始地址为1 000的内存单元中,则元素 A[5,5]的地址是( )。
　　A.1175　　　B.1180　　　C.1205　　　D.1210

8.在下述结论中,正确的是( )。
　　①只有一个结点的二叉树的度为0。
　　②二叉树的度为2。
　　③二叉树的左右子树可任意交换。
　　④深度为 K 的完全二叉树的结点个数小于或等于深度相同的满二叉树。
　　A.①②③　　　B.②③④　　　C.②④　　　D.①④

9.若一棵二叉树具有10个度为2的结点,5个度为1的结点,则度为0的结点个数是( )。
　　A.9　　　　　B.11　　　　　C.15　　　　　D.不确定

10.设森林 F 中有3棵树,第一、第二、第三棵树的结点个数分别为 M1,M2 和 M3。与森林 F 对应

的二叉树根结点的右子树上的结点个数是(　　)。

　　A.M1　　　　　　B.M1+M2　　　　　　C.M3　　　　　　D.M2+M3

11.n 个结点的线索二叉树上含有的线索数为(　　)。

　　A.2n　　　　　　B.n-1　　　　　　C.n+1　　　　　　D.n

12.一棵 m 阶非空 B-树,除根结点外,所有非终端结点最少有(　　)棵子树。

　　A.m-1　　　　　　B.m　　　　　　C.$\lceil \frac{m}{2} \rceil - 1$　　　　　　D.$\lceil \frac{m}{2} \rceil$

13.若以{4,5,6,7,8}作为叶子结点的权值构造哈夫曼树,则其带权路径长度是(　　)。

　　A.76　　　　　　B.74　　　　　　C.60　　　　　　D.69

14.要连通具有 n 个顶点的有向图,至少需要(　　)条边。

　　A.n-1　　　　　　B.n　　　　　　C.n+1　　　　　　D.2n

15.在有向图 G 的拓扑序列中,若顶点 Vi 在顶点 Vj 之前,则下列情形不可能出现的是(　　)。

　　A.G 中有弧<Vi,Vj>　　　　　　B.G 中有一条从 Vi 到 Vj 的路径

　　C.G 中没有弧<Vi,Vj>　　　　　　D.G 中有一条从 Vj 到 Vi 的路径

16.已知长为12的有序表 S(表区间为0-11),折半查找存在的元素最多的比较次数是(　　)。

　　A.3　　　　　　B.4　　　　　　C.5　　　　　　D.6

17.下面关于哈希查找的说法正确的是(　　)。

　　A.哈希函数构造的越复杂越好,因为这样随机性好,冲突小

　　B.除留余数法是所有哈希函数中最好的

　　C.不存在特别好与坏的哈希函数,要视情况而定

　　D.若需在哈希表中删去一个元素,不管用何种方法解决冲突都只要简单的将该元素删去即可

18.数据序列(8,9,10,4,5,6,20,1,2)只能是下列排序算法中的(　　)的两趟排序后的结果。

　　A.选择排序　　　　B.冒泡排序　　　　C.插入排序　　　　D.堆排序

19.下面给出的4种排序法中(　　)是不稳定性的排序方法。

　　A.插入排序　　　　B.冒泡排序　　　　C.二路归并排序　　　　D.快速排序

20.下列排序算法中,时间复杂度为 $O(n\log_2 n)$ 且占额外空间最少的是(　　)。

　　A.堆排序　　　　B.冒泡排序　　　　C.快速排序　　　　D.希尔排序

二、解答题(共35分)

1.(8分)设一棵二叉树的前序序列为 ABDGECFH,中序序列为 DGBEAFHC。

　　(1)画出该二叉树。

　　(2)写出后序遍历序列。

2.(9分)采用哈希函数 H(k)=(3*k) mod 13并用线性探测开放地址法处理冲突,在数列地址空间[0..12]中对关键字序列22,41,53,46,30,13,1,67,51:

　　(1)构造哈希表,画出示意图。

　　(2)计算装填因子。

　　(3)计算等概率下查找成功的平均查找长度。

3.(10分)已知待排序的序列为(503,87,512,61,908,170,897,275,653,462)。
  (1)根据以上序列建立一个最小堆。
  (2)输出最小值后,如何得到次小值,并画出相应结果图。

4.(8分)写出用Prim算法构造下图的一棵最小生成树的过程。

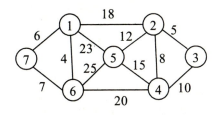

三、算法设计题(共25分)

1.(10分)已知不带头结点的线性链表list,链表中结点构造为(data,next),其中data为数据域,next为指针域。请写一算法,将该链表按结点数据域的值的大小从小到大重新链接。要求链接过程中不得使用除该链表以外的任何结点空间。

2.(15分)假设图G(如下图所示)采用邻接表存储,设计一个算法,输出图G中从顶点u到顶点v长度为k的所有简单路径。
  (1)说明算法的基本思想;
  (2)编写算法,允许用C/C++/Java来描述,在算法关键的地方给出必要的注释。

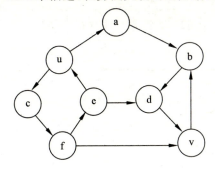

期末考试试题 2 答案

一、选择题(每题 2 分)

ABABB　CADBD　CDDBD　BCCDA

二、解答题(共 35 分)

1.(8 分)(1)二叉树为：

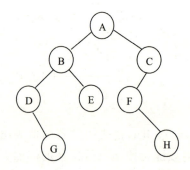

(2)后序序列为 GDEBHFCA。

2.(9 分)

(1)哈希表为：

散列地址	0	1	2	3	4	5	6	7	8	9	10	11	12
关键字	13	22		53	1		41	67	46		51		30
比较次数	1	1		1	2		1	2	1		1		1

(2)装填因子=9/13=0.69

(3)$ASL_{succ}=11/9$

3.(10 分)

(1)建最小堆。

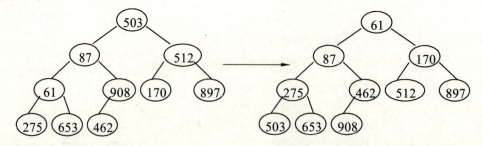

(2)求次小值。

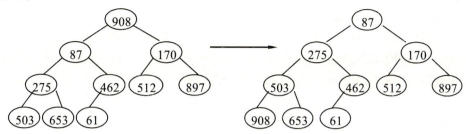

4.(8 分)最小生成树为：

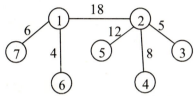

三、算法设计题(共 25 分)

1.(10分)

```
typedef struct Node
   {   DataType data；
      struct Node *next；
   }SLNode；
SLNode * LinkListSort(SLNode * list)
   {
            SLNode *p,*q,*r；
            p=list ->next；           //p 是工作指针,指向待排序的当前元素。
            list ->next=NULL；        //假定第一个元素有序,即链表中现只有一个结点。
            while(p!=NULL)
            {   r=p ->next；          //r 是 p 的后继。
               q=list；
               if(q ->data>p ->data)//处理待排序结点 p 比第一个元素结点小的情况。
                 {   p ->next=list；
                    list=p；//链表指针指向最小元素。
                 }
               else//查找元素值最小的结点。
                 {   while(q ->next!=NULL && q ->next ->data<p ->data) q=q ->next；
                    p ->next=q ->next；//将当前排序结点链入有序链表中。
                    q ->next=p；    }
            p=r；//p 指向下个待排序结点。
            }
    }
```

2.(1)(4分)

算法思想:采用带回溯的深度优先搜索算法。

用全局变量 path[Max]记录到达当前结点时所走过的路径,作用是输出该路径;用另一个全局变量记录当前走过的路径长度。初始 path 变量为空,每向下走一步都把对应的结点编号放到 path 变量中并标记为已访问状态,以避免回路。

(2)(11分)

```
#define Max 20
typedef struct arc
    {   int adjvex;                        /*邻接点在数组中的序号*/
        struct arc *nextarc;               /*链域,指示下一条边或弧*/
    }arcnode;
typedef struct
    {   DataType data;                     /*顶点信息*/
        arcnode *firstarc;                 /*指示第一个邻接点*/
    }vnode;
int path[Max];                             //path 存放当前走过的路径上的结点
int visited[Max];                          //visited 标记各结点是否被访问过
int i;
for(i=0;i<k;i++)
    visited[i]=0;
void getAllPath(vnode G[ ],int vi,int vj,int k,int len)
{
    arcnode * p;
    int w;
    if (len>=k) return;                    //如果当前路径长度大于 k,则直接退出
    visited[vi]=1;                         //标记当前的结点已被访问
    len++;                                 //当前路径长度加1
    path[len]=vi;                          //把当前结点 vi 放到路径数组中
    if (vi==vj && len==k)                  //找到了一条路径且长度符合要求
        printPath( );                      //打印该路径,或保存起来
    else if (len>0)                        //若没退回到初始结点,则继续
    {
        p=algraph[vi].firstarc;
        while (p!=NULL)
        {
            w=p->adjvex;
            if (!visited[w])
                getAllPath(G,w,vj,k,len);  //递归调用
            p=p->nextarc;
```

```
            }
        }
        visited[vi]=0;                    //取消访问标志,使该结点可以重用
        len--;
}
//其他函数调用函数 getAllPath( );
getAllPath(G,u,v,k,-1);
```

主要参考文献

陈媛,何波,蒋鹏,等.数据结构:学习指导·实验指导·课程设计[M].北京:人民邮电出版社,2008.
陈越,何钦铭,徐镜春.数据结构学习与实验指导[M].北京:高等教育出版社,2013.
戴文华,赵君喆,卢社阶,等.数据结构项目实训[M].北京:人民邮电出版社,2012.
何钦铭,冯雁,陈越.数据结构课程设计[M].杭州:浙江大学出版社,2007.
刘城霞,蔡英,吴燕,等.数据结构综合设计实验教程[M].北京:北京理工大学出版社,2012.
刘燕君,苏仕华,刘振安.数据结构课程设计:C++语言描述[M].北京:机械工业出版社,2014.
卢玲,陈媛.数据结构学习指导及实践教程[M].北京:清华大学出版社,2013.
苏仕华.数据结构课程设计[M].北京:机械工业出版社,2005.
唐宁九,游洪跃,朱宏,等.数据结构与算法(C++版)实验和课程设计教程[M].北京:清华大学出版社,2008.
滕国文.数据结构课程设计[M].北京:清华大学出版社,2010.
王红梅,胡明,王涛.数据结构(C++版)学习辅导与实验指导[M].北京:清华大学出版社,2005.
徐慧,周建美,丁卫平,等.数据结构实践教程[M].北京:清华大学出版社,2010.
严蔚敏,吴伟民.数据结构(C语言版)[M].北京:清华大学出版社,2004.
严蔚敏,吴伟民.数据结构题集(C语言版)[M].北京:清华大学出版社,2007.
张铭,赵海燕,王腾蛟,等.数据结构与算法实验教程[M].北京:高等教育出版社,2011.
朱战立.数据结构——使用C语言[M].北京:电子工业出版社,2009.
Mark Allen Weiss.数据结构与算法分析——C语言描述[M].北京:机械工业出版社,2004.